风物
中国志

郭蔷　聂靖　主编

张家港

FENGWU
ZHONGGUOZHI

ZHANGJIAGANG

湖南科学技术出版社

"风物中国志"丛书编委会

顾　问：刘嘉麒

主　任：李栓科

副主任：陈沂欢

委　员：付鑫科　任　乐　何亮靓　张律堂　陈红军
　　　　范　烨　林少波

（按姓氏笔画排序）

沙与洪流

撰文
聂靖

两千多年来，长江口的景观变化堪称沧海桑田。秦汉时期，长江口的位置还在扬州—镇江一带，大名鼎鼎的"广陵潮"是诗文中极为常见的地理意象；隋唐以后，河口迅速向东推进，三角洲持续扩张；今天，在这片江水中浮起的沙洲上，以超级城市上海为中心，诞生了中国最具朝气的城市群和最为富庶的县域经济。远古时期喇叭形的三角湾已收束为狭长的水道，水道在江海交汇处轻柔地拐出一道弧线，便是张家港的所在。

从地图上看，背靠"黄金水道"长江、位于沿海和长江两大经济开发带交汇处的张家港，无疑处在一个枢纽位置。它拥有全国县级市最密集的"公水铁空、江海联运"交通网络，江轮从张家港出发，可通达长江上游各内陆港口以及上海等沿海各港与世界相通，或经大运河直达苏、鲁、皖、浙等省份的重要城镇。本书撰稿时，沪苏通铁路已正式开通运营，在不久的将来，它将与盐通张和南沿江铁路在张家港形成"三铁交汇"的局面，可谓承南启北、贯通东西。

但若将时间倒转数百年，甚至是数十年，今日港城的大量土地还浸泡在长江的波涛里，地理环境与现在天壤之别。1962年张家港设县时的名字是"沙洲"，这个直截了当的称呼与其说是地名，更像是个地貌名。泥沙堆积成沙洲，又在地转偏向力的影响下，逐渐扩大并与陆地相连。一千年来，长江河口发生了六次重要的沙岛并岸，前五次沙洲都是基于自然作用并入北岸，唯独最后一次，今天张家港北部的沙洲地区在20世纪20年代向南并岸，这是人们在江中筑坝截流，使泥沙定向堆积的结果。或许从那时起，便注定了张家港后来发展的主旋律——人与自然的合力。

张家港人习惯称百年前并陆的沙洲地区为"沙上"，而地理学家则称之为"常阴沙"，取常熟、江阴交界之意，这一名称写满了边界的属性。1962年的沙洲县就是由原来常熟、江阴的几个公社合并而成。旧时民谚说"穷奔沙滩富奔城"，那时的张家港被戏称作"边角料"拼凑起来的城市。也正是这样一座城市，白手起家，经过数十年发奋超赶，终于成就了如今全国县域经济百强榜前三的非凡成就。2019年，张家港的地区生产总值高达2547.26亿元，甚至比青海省全省的总值还多。

在"以港兴市"的发展战略下，卓越的区位与港口条件成为港城崛起的有利支撑。因北临长江，港口是张家港不变的历史底色。早在唐代时，高僧鉴真就是在今天张家港的黄泗浦东渡日本，考古挖掘表明，唐宋时的黄泗浦位于长江入海口边，当时是江南地区入长江的主干水道。千年过后，今天张家港北部的港区，岸线深直，深水贴岸，河床平稳，不淤不冻，北面还有双山岛作为天然的避风屏障，是不可多得的天然良港。

作为中国的"黄金水道"，长江两岸港口遍布，周边县市江阴、常熟、太仓、如皋、南通等都有自己的港口，张家港想要脱颖而出并非易事。张家港人用九个月时间，快速建成国内首家内河港型保税区；用一年多时间建成6车道的张杨公路；完成工业超常熟、外贸超吴江、城市建设超昆山、各项工作争第一的"三超一争"……"团结拼搏、负重奋进、自加压力、敢于争先"的"张家港精神"成为城市逆袭的关键。几乎所有生活在这里的人们都能将这十六个字倒背如流，信念与践行是张家港最不同于别处的财富。

张家港精神透露出磅礴的江海意气，背后亦蕴含着移民对城市性格的塑造。数百年前的沙洲垦荒者与江洪、海潮、台风、坍江等天灾艰苦抗争，困境磨砺了张家港人。江边"圩""埭"等地名，都是改造低洼地、与水争田的记录，显示出很强的"人定胜天"的色彩。沧海变桑田，在常阴沙现代农业示范园区，望着白鹭飞过万亩良田，翻滚的麦浪应和着长江粼粼波光，怎能不叫人为之动容？

像这样在数百年内被围垦出来的土地，占了张家港全市陆地面积的近三分之二，其位置大体可以以横贯城市的张杨公路为界，南边是成陆久远的"江南古陆"，北边则是"沙上"。其实，张杨公路本就是沿着略高出地面的古海岸线遗迹修造，这又是人与自然合力的体现。

越往南，离江越远，经典江南的味道扑面而来。在杨舍镇吃一碗宴杨楼的焖肉面，去长春园书场听一场评弹，抑或到茶馆点一壶茶"孵"一下午，仿佛置身苏州城中。再往东南些，到凤凰的恬庄古镇，看一看街道河塘纵横，走一走磨得发亮的石板街，在杨氏孝坊和古老宅邸间穿行，随时就可融入到梦里水乡。

如同"沙上"与"江南"是张家港的一体两面，"新"与"故"也共同存在于城市的个性之中。1986年张家港撤县建市至今，不过三十多年历史，沙洲地区的成陆历史亦不过数百年，而在凤凰地区传唱的河阳山歌却可以追溯千年，在香山脚下的东山村，更是发现了新石器时代的文明遗址，距今6000至8000年……

从情感上说，张家港人或许是更亲近"新"，这座城市为时代所造就，又创造着时代，这里的人们喜欢创新、不被束缚。不过，"故"也可以以另一种"新"的方式萌生。本书采写期间正赶上张家港湾最后完工，它是这座港口城市一系列长江保护措施中的代表。养殖场、小码头被腾退，茂密的芦苇遮蔽了翻新后的古老江堤，生态鱼塘、滩涂湿地等生境反映出生产岸线到生态岸线的转变。而张家港，也在不断调试人与自然相处模式的过程中，逐步恢复着她那古老原始的自然定位：珍稀鸟类与长江鱼类的天堂，人类的宜居家园与避风港。

目 录

地

张家港背靠长江，得名自境内天然良港。长江河口的成陆演进，将张家港划分为南北两个部分，从数百年间新成的沙洲，到如今生态宜居的文明城市，张家港人利用大地与江河的赐予，演绎了默默无闻的"边角料"向着明星县市的逆袭。

从沙洲到港城："长江之子"的成长史 _ 聂靖　　　　002

张家港湾，人与长江合力 _ 楼学　　　　022

当我们在张家港谈论长江时，我们谈论什么 _ 聂靖　　　　030

道

长江是张家港最为强大的文化基因。大江之边，东山村遗址诉说着中华文明的长江起源；唐代高僧鉴真从黄泗浦起航，将华夏文明之光远播东瀛；底蕴深厚的水乡村落萌生于密布河网的节点，口耳相传的山歌守护着农耕文明的记忆。

在东山村遇见文明曙光 _ 陈伊功　　　　036

黄泗浦遗址——鉴真东渡起航地的秘密 _ 陈伊功　　　　044

流动的恬庄 _ 楼学　　　　058

河阳山歌：传唱千年，因天性而歌 _ 詹忆梦　　　　068

风

"团结拼搏、负重奋进、自加压力、敢于争先"16 字城市精神是张家港人最为宝贵的精神财富。沿江而上，现代农业示范区、国际化港口、慢岛生活的双山，多样化的沿江景观映射出各个时代港城人笑傲江海、拼搏奋进的身影。

长江岸线，江潮与人潮 _ 楼学　　　　　　　　　　　　　　078

沙上人家，笑傲江海 _ 詹忆梦　　　　　　　　　　　　　　096

张家港的守艺人：故乡步履不停，用手记录美丽光阴 _ 詹忆梦　101

永联村：让农民在农村，创造现代新社会 _ 孔雪　　　　　　124

张家港精神，是发展引擎也是人文底色 _ 孔雪　　　　　　　134

物

张家港是一座旧地新城。南部古陆物产丰盈，饮食中带着江南水乡的精致情趣；北部"沙上"仍不断积涨，随移民而来的各地风味，与本地食材相结合，烹饪出了独特的沙上风味。

融汇百味，港城的风味人间 _ 闫超健　　　　　　　　　　　142

还有江南风物否，桃花流水江鲜肥 _ 江珊　杨子才　　　　　144

螃蚬豆腐：细小家常鲜，最润港人心 _ 孔雪　　　　　　　　154

高庄豆腐：南地北做，卤水点化的柔韧与嫩滑 _ 余嘉　　　　162

沙洲优黄，饮一壶江南风情 _ 余嘉　　　　　　　　　　　　172

港城的清晨，从一碗焖肉面开始 _ 黄崇崇　　　　　　　　　176

糕团里的港城 _ 余嘉　　　　　　　　　　　　　　　　　　180

拖炉饼，烤制出的酥脆香甜 _ 余嘉　　　　　　　　　　　　190

蜜桃上市动港城 _ 黄崇崇　　　　　　　　　　　　　　　　194

摄影/杨海平

地道风物

张家港背靠长江,得名自境内天然良港。长江河口的成陆演进,将张家港划分为南北两个部分,从数百年间新成的沙洲,到如今生态宜居的文明城市,张家港人利用大地与江河的赐予,演绎了默默无闻的"边角料"向着明星县市的逆袭。

从沙洲到港城:"长江之子"的成长史
张家港湾,人与长江合力
当我们在张家港谈论长江时,我们谈论什么

从沙洲到港城：
"长江之子"的成长史

撰文
聂靖

6300多千米，是长江奔流到海的里程，江水裹挟的泥沙在入海口沉积，催生出中国最富饶的土地。江海交汇处，不仅孕育了超级城市上海，也造就了中国最坚强的县域经济。在长江三角洲一系列超级县（市）群中，连续多年稳居全国县域经济百强榜前三、荣获全国文明城市等数百个国家级荣誉称号的张家港，绝对是年轻而又特别的一座。

然而，若将历史的时针往前调几百年，这座城市近2/3的土地还浸泡在长江的滚滚波涛里，只有几座土丘在江心孤悬。继续将时段拉长，从此处最早的文明曙光算起，这场城与江的突围足足让人等待了7000年。沧海桑田的变化并非只能以千年万年为尺度，它也可以是数百年、数十年，甚至是日新月异。江与城的进退书写着张家港的故事，正如江岸持续积涨东进，依然在你我身边发生着，不知停歇。

江尾海头，沙洲的漂泊与安分

站在张家港西部的旅游地标——香山之巅，可以远眺长江与港埠。明代旅行家徐霞客曾多次来这里游玩，那时候在山顶所见到的长江可要比现在近得多。一百年后的清乾隆年间《江阴县志》记载了香山的得名，"相传吴王尝遣美人采香其上，曰采香径"。春秋传说久远不可遽考，至少从地理层面来看，香山成陆较早，实有故事发生的自然条件。自香山往东南，经泗港、杨舍、鹿苑、西旸，有一条一直绵延到上海金山的高岗带，这便是被古人称为"冈身"的古岸线，形成时间大约在7000年前。海水顶推形成高地从海里露出头，成为岛，再连成岸，岸线之内逐渐形成了长江三角洲的古沙嘴区。

冈身把太湖从东海圈离出来，湖水渐退，露出水网密布的土地。冈身之外，则是千万年漫长的积淀。1975年初拓浚二干河时，曾在杨舍新庄里附近挖掘出一颗古东海宽吻海豚的头颅骨化石，证明2000多年前这里尚属海域。彼时，靖江的孤山，张家港的段山、巫山，南通的狼山等都还沉在海中。

宋代以后，古岸线北部的长江、浅海中泥沙随时间堆积，一个个沙洲露出水面。同时，江阴以东的长江主河道也开始北移，出现南涨北坍的迹象。这一情形在之后的岁月里不断加剧，南岸水域逐步积涨成江边沙滩，与不断扩张的江中沙洲并联成陆。

这期间最有趣的一个地理现象是段山的"漂移"。段山在古时又被称作摩诃山、磨河山等，北宋《太平寰宇记》最早记载它"在（如皋）县南百二十里，半在江水中"，地理学家推测宋初该山地处江北，长江从它南面经过。到了南宋的《方舆胜览》里，它已"在扬子江中流"。根据清康熙《如皋县志》有关岸线的舆图，明嘉靖以前段山以北又曾淤积为陆地，山体重回北岸，再后来万历坍田，段山入江，明清鼎革之际，这座小山最终移往江南。如今，段山的山体已经消失不见，这是因为1956年后南岸的人们在这里建起了采石场，山石化作保护家园的江堤，只留下段山村、段山港这样的地名，诉说着这段江中漂泊的记忆。

景观的变化在清末民初时开始加速，原先散落在江中的数十个小沙洲基本合并为南、中、北三个大沙洲，张家港北部地区格局渐成。部分江段被夹在沙洲中间，被当地人称为"夹江"，古海岸与南沙洲之间的是老夹，三座大沙洲之间则有南夹和北夹。从19世纪后期开始，人们在夹江中筑坝截流，使泥沙定向堆积，往坝两侧淤涨。此后续筑海坝，每涨一段，又再续筑，意在使夹江和沙洲与陆地相连。于是在1914年，南沙洲率先并岸，未几，中沙洲和北沙洲也步其后尘。

三大沙洲并陆，形成了今天张家港人口中的"老沙"地区，面积约330平方千米，涵盖了今大新、锦丰的全部，金港的大部，乐余、南丰、杨舍的部分土地。1930年后，老沙洲东部的沙洲继续发育，人们以相同的方法筑坝截流，围垦大小圩数百个，形成了土地面积约120平方千米的"新沙"，包括今常阴沙现代农业示范园区的全部，乐余、南丰的大部，以及塘桥的部分土地。老沙与新沙合在一起，就是张家港人所说的"沙上"。

根据《张家港市土地志》的统计，张家港境内沙洲围垦，宋代围田3万亩，元代0.7万亩，明代10万余亩，清代40余万亩，民国23万亩，中华人民共和国成立后至1995年，围田近11万亩。八百年间，张家港共围出567平方千米土地，除去历史上大大小小坍失的约80平方千米，实际增加的土地约占全市陆地总面积的2/3。1962年张家港设县时，将城市命名为"沙洲"，可以说是再贴切不过了。

若是你想一览张家港往日的沙洲风情，不妨坐着轮渡穿过1千米宽的夹江去对岸的双山，那里在1860年前后由几个小沙上移合并，当时叫黑鱼沙，20世纪初又继续上移到现在位置，淤涨出水，所以又称福姜沙（"复涨沙"的谐音），1922年围垦时定名双山沙，现在还是一座原汁原味的江中小岛。

长江把张家港的文明一分为二

长江河口的成陆演进，将张家港划分为南北两个部分，南部是成陆历史悠久的江南古陆，属海相河相沉积平原；北边的沙上地区则是新近成陆的后来者，为河相海相沉积

坐落于长江之畔的张家港是一座名副其实的"港城",口岸货物年吞吐量2.35亿吨,领先全国县域口岸,它也是长江沿线最大的外贸商港,船只往来不绝。摄影/陈勇

平原，两者是新、老长江三角洲的区别。从南到北，陆进江退不仅使这里的景观发生巨大变化，也把江边的文明划分为前后两期。

在张家港博物馆的陈列厅里，你可以看到一张《张家港市不可移动文物分布图》，从图上可以明显看出江南地区古宅、古桥、石刻等文物众多，且时段主要集中在明清时期；沙上地区则文物较少，零星分布的诸如渡江战役纪念碑、乐余老街、知青下乡居住点等也是近百年间建成的。尽管地图上并未标出古岸线的位置，但南北文物分布的差异已显示出历史无形的约束。

不仅地面上的文物如此，地下的遗迹亦如是。近几十年来，本地的考古发掘挖出了两枚"重磅炸弹"——新石器时期的东山村遗址与唐宋港口黄泗浦遗址，两者分别入选

双山岛是港口天然的避风屏障。这座绿意盎然的小岛是一个江中沙洲,数百年前,张家港北部地区的景观都与它相似,在历代开垦者的努力下,逐渐并陆成为今天的样子。摄影/陈勇

2009和2018年度"全国十大考古新发现"。不消说,它们的发现地点也是在古海岸线之南。东山村遗址因为发现了现存等级最高、保存最完整的崧泽文化聚落而备受瞩目,事实上,不仅是金港镇的东山村,塘桥的徐家湾、许庄、新龙村、韩山村以及凤凰的姚塘村也都陆续发现了新石器时代的遗址与文物,这些遗址的最北分布点几乎都紧挨着古海岸,说明这里的人们自古以来与海为伴,向海而生。

紧邻海边,盐产自然丰富。西汉前期,吴王刘濞开掘盐铁塘,专门运输国家垄断经营的盐铁物资。这条上起张家港杨舍,经常熟、太仓、上海汇入吴淞江的人工沟渠,是江南运河史上颇具里程碑意义的大工程。从位置上看,盐铁塘紧靠冈身,与古海岸线平

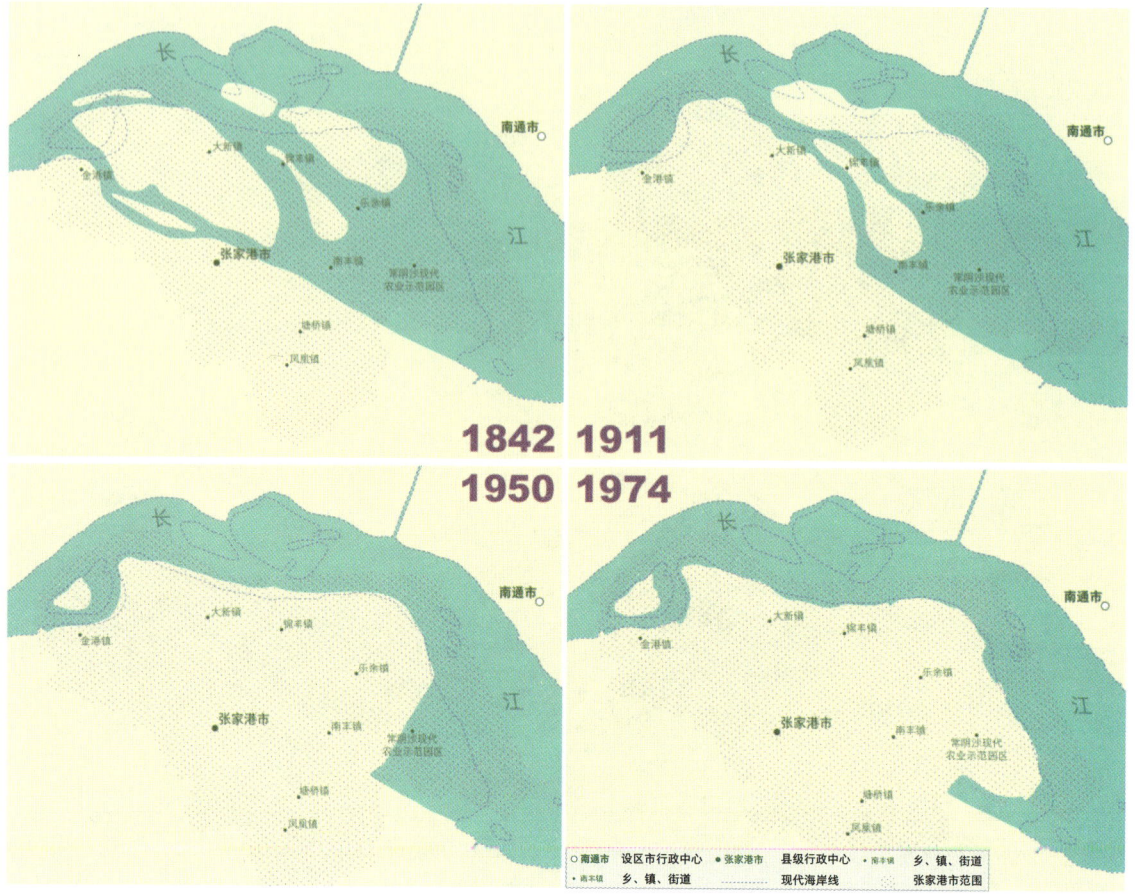

通过对近代以来张家港沙洲演进过程的追溯,可以看到这座年轻的城市如何逐步浮出水面——它是近一千年长江河口六次主要沙岛并岸中唯一向南并岸的例子。

行,它所流经的范围正是太湖平原农田水利史上所说的"高乡"。有高乡自然就有低乡,后者指的是太湖以东、冈身以里的碟形洼地,也就是后来经典江南水乡的所在。不过,在吴王修盐铁塘的时代,那里还是泥泞稀松、水陆不分的湖沼区,并不适宜人类居住;相反,在地势较高不易被淹的冈身地带,却是人类栖居的理想之地,所以东山村等史前文明才会诞生在这里,并发展出原始农业。甚至直到明代编成的《常熟水利全书》里,还记载着今天恬庄、鹿苑、西旸等地的人们以捕鱼煮盐为主业,视耕种为末务,上述地区在当时仍以盐碱地著称。

高、低乡经济地位的倒转发生在唐宋之际,西晋以降的北方战乱导致数次大规模人口南迁,给江南地区带来了人力和技术,在

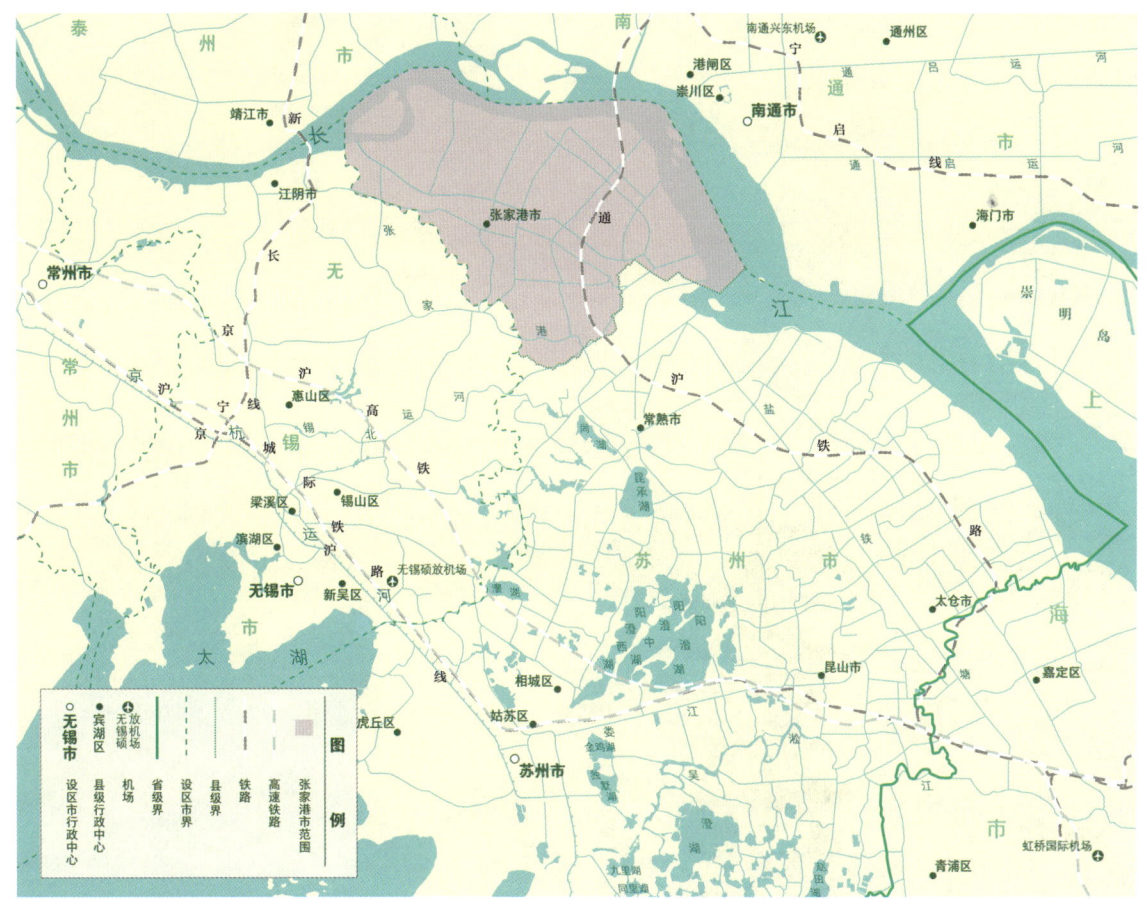

作为长三角城市群、扬子江城市群重要节点城市,张家港拥有全国县级市最密集的"公水铁空、江海联运"交通网络。沪通、盐通张和南沿江三条铁路在此交汇,承南启北,贯通东西。

与太湖"争利"的过程中,人们通过圩田完成了对太湖平原的大开发,所以在宋代便有了"上有天堂,下有苏杭"的民谚。在这样的大历史背后,张家港却默默地为我们讲述着"天堂"故事的另一面——海洋。

今天的塘桥镇鹿苑地区建有一座东渡苑,纪念唐代高僧鉴真在此东渡日本。鉴真东渡是中日交流史上最重要的事件之一,鉴真在日本被奉为"天平之甍",至今还有不少人专程来到此处缅怀这位文化传播的先驱。在东渡苑不远处,考古学家找到了鉴真第六次东渡日本起航地——黄泗浦,这也是目前国内唯一发现的唐代日本遣唐使舶发着点。虽然黄泗浦遗址离今天的江岸有14千米之遥,但唐宋时的海岸线仅在遗址北几百米外,那时的黄泗浦就位于长江入海口,是

地势较高的香山是张家港较早从海平面中露出的陆地。因传说春秋时吴王夫差遣美人上山采香而得名,从山顶远眺,长江与港埠相互依偎。
摄影/朱小清

江南地区入长江的主干水道。虽然这座港口终因地理环境变化退出了历史的舞台，却也似草蛇灰线，为千年后另一座大港的兴起种下基因。

黄泗浦最为辉煌的唐宋时期，包括名臣范仲淹在内的苏州官员都对它的河道多有疏浚。其实，浚河的行为也颇具高乡特色，因为高乡土地高阜而湖荡较少，河道通常较低乡浅狭，容易淤塞。明万历年间（1573-1620），靖江人张南山举家迁至香山脚下，为了有利灌溉与排洪，他与族人拓宽了家门口的无名小河。清康熙二年（1663），江阴县勘察丈量到此河时，发现此河无名，念及张氏族人拓浚之功，便定名为张家港。时人恐怕做梦都不会想到，这个名字后来被赋予一座城市，进而名闻全国。

咬文嚼字地讲，张家港的"港"字是小河的意思。江南地区关于水的不同命名，少说有数十种，黄泗浦的"浦"是，盐铁塘的"塘"也是。这些港浦河塘串联起壮阔的长江，塑造了张家港第一期的长江文明。

让年轻重新定义江南

古岸线以北，发展出张家港的第二期长江文明，时段大约是 800 年前至今。

沙洲成陆的过程前文已叙，究其背后的原理，主要是科氏力（Coriolis force），也就是地转偏向力影响了长江泥沙的堆积。河口海岸学家陈吉余曾在《两千年来长江河口发育的模式》一文中将长江河口地区成陆规律总结为"南岸边滩推展""北岸的沙岛并岸"等方面，前者说的是河口东缘上海从泥沙中脱海成陆，后者我们可以看到一千年来长江河口六次重要的沙岛并岸：七世纪的东布洲、八世纪的瓜洲、十六世纪的马驮沙、十八世纪的海门诸沙、十九世纪末到二十世纪初的启东诸沙以及二十世纪二十年代的常阴沙。前五次，沙洲都是并入北岸，这是由于在地球偏向力作用下涨落潮流路分歧，涨潮占优，上溯泥沙无法回流入海，更易淤积的缘故；唯独最后一次常阴沙是向南并岸，是人为筑坝导流的结果。顺便说一句，"常阴沙"这个词学术上多用于指称三大沙洲（老沙）乃至整个沙上地区，即作为常熟、江阴交界处沙洲的泛称，这与本地人将现在的农业示范园区简称作常阴沙有所不同。

长江沙洲提供了宝贵的土地资源，而将资源转化为财富，说到底靠的还是人。"沙上"地区"圩"和"埭"等地名，都源自于人的活动：圩是圩田，改造低洼地，与水争田，筑圩堤挡洪挡潮；埭则是建房时的宅基。我们可以进一步在这些地名中发现"人"的踪影，比如锦丰镇的曾家圩、杨家圩，乐余镇的周案、梁案、黄案等，皆以开垦者姓氏为名，而所谓"案"，指的是准予围垦的官方文书"滩照"（俗称"沙案"）。

滩涂上没有原住民，垦荒者的人员构成，除了陆地上相临近的常熟、江阴等地有钱人组织的围垦集团，主要是苏北沿江一带如皋、南通、靖江、海门、启东、崇明等地无田谋生的民众和坍江失地的灾民。张家港早年间曾被贬称为"苏南的苏北"，撇开地域歧视的因素，从土地与人口的来源上说，这座城市确与苏北有着深厚的渊源。

据统计，1949年底张家港地域内人口48.41万，从苏北各地迁来的移民及其后代占55%以上。新的土地给了这些移民新的生命，后者也为此付出了极大的代价。江中围垦殊非易事，旧时有"穷奔沙滩富奔城"的民谚，围田过程中不但有江洪、海潮、台风、坍江等自然灾害，还有剥削、苛税、海盗等人祸。祸福相依，恰恰也正是这些恶劣条件磨砺出沙上人艰苦奋斗的精神。

这些具有开创精神的移民人口，对张家港城市性格的塑造起到了重要作用。本书后文中介绍的几位代表张家港城市精神的典型人物中，沙钢沈文荣、永联吴栋材都是沙上人，身上都体现出那种敢于开创、敢于闯荡的精神；曾任张家港市委书记的秦振华是杨舍人，原中央政治局常委刘云山曾这样回忆与他第一次见面的情形："在我的想象中，江南水乡的苏州人应是吴侬软语、清秀文静。但眼前的秦振华却像一个山东大汉，身材粗壮魁梧，说话铿锵有力……他的神情，他的言谈，他的举止，总使人感到有一种力量，一种劲头，一种精神。"

秦振华等人的劲头和精神，后来被总结为"团结拼搏，负重奋进，自加压力，敢于争先"的"张家港精神"。纪实文学作家何建明曾将这种精神归因于长江孕育的江浪文化和独特性格，"一种千年累积、厚积薄发和千里不懈、勇往直前的豪情"。而在我看来，张家港精神的长江文化基因，也可以说是两期文明的相互渗透。不同文化背景的人们齐聚于此，第一期文明中的古陆地区，民风近于苏州，传统深厚，诗书传家；第二期文明中的"沙上人"则是拓荒者，吃苦耐劳，崇尚自立。两种文化传统共同作用，让这座城市的性格里在诗画与安逸之外多了几分务实和进取。

一座港，一座城，一群人

自1986年张家港撤县建市至今，不过30多年历史，就算追溯到1962年设立的前身沙洲县，也就多了20多年而已。当地人戏称自己的家乡是"边角料"拼凑起来的城市，但令人颇感意外的是，这些上一辈来自五湖四海的人却有着极强的张家港人意识。若你和他们稍有接触，就会发现城市精神的十六字箴言早已深入人心，且身体力行。不由得让人好奇，如此强烈的认同感是怎么来的？

团结，张家港精神的头两个字就是"团结"。且不说占了城市人口一半的江北移民及其后代来源纷杂，就是常熟、江阴也各自分属苏州、无锡两个文化圈，形形色色的人聚在一处，光是吴方言都能讲十来种，团结自然是第一位的。

实现团结最简单的方式便是设立共同目标。张家港精神最早是在1992年提出的，也是在这一年年初，上任张家港市委书记不久的秦振华放出了"三超一争"的"狠话"：工业超常熟，外贸超吴江，城市建设超昆山，各项工作争第一。曾经的"苏南北大荒"，把目光牢牢盯住苏州市内、江苏省内、乃至全国领先城市的王牌特色，公然和老大哥们叫起了板。

暨阳湖是市民休闲的好去处,这座人工湖是 2000 年修建沿江高速公路时,采用集中取土的方式开挖的,经济发展与生活质量两手抓,显示出张家港人的精明与实干。摄影/许海斌

在旁人眼中这自然是一项不可能完成的任务，但张家港也有自己的底气——"张家港"，不再是上文说的狭长小河，而是货真价实的港口。1965年，出于战备和分流上海港的需要，张家港从一片水鸟栖息、芦苇丛生的荒凉古渡中拔地而起。从自然环境讲，这里岸线深直，深水贴岸，河床平稳，不淤不冻，港口北面还有双山岛作为天然的避风屏障，是难得的天然良港。从区位的角度看，这里地处江尾海头，是沿海和长江两大经济开发带的交汇之处，江轮从张家港出发，可通达长江上游各内陆港口以及上海等沿海各港，或经大运河直达苏、鲁、皖、浙等省份的重要城镇，是建港的理想地点。1986年，沙洲县撤县建市，改名张家港，从原来的小河名里借来了江海的气象，下定了"以港兴市，以市促港"的决心。

1992年注定要成为张家港的转折之年，在开放浦东政策的推动下，国家计划在江苏省建设国内首家内河港型保税区。此前，张家港虽然已是国家一类开放口岸、长江流域对外开放的门户，但受限于本市乃至整个苏南地区以纺织、机械、五金等乡镇企业为特色的发展水平，港口在实际交通上发挥的作用尚不及京沪铁路与大运河。保税区的建设将带来颠覆性的变化，它将使张家港拥有别处难以企及的"区港合一"优势，前面建码头、后面建工厂、进料加工、国内销售一条龙，极大地有利于大宗货品的进出口加工。于是，面对省内南京港、镇江港、南通港的虎视眈眈，张家港全力拼抢沿江码头和保税区的建设，仅用160天就建成了当时长江流域最大的万吨化工码头，9个月基本建成保税区，在当年年底就实现了封关运行。保税区建成后，世界各地的投资者们抢滩登陆，为"三超一争"的成功逆袭打下了基础。

当然，光有港口还不够，相应的配套设施也得跟上。用抢建保税区同样的劲头，一年多时间里，张家港又建成了一条70米宽、6车道、33千米长的张杨公路和45千米长的沿江公路。在小县城里建6车道的大路在当时是不可思议的，不过那些曾经极力反对的人现在也不得不佩服"秦始皇"（秦振华在民间的绰号）的远见和魄力。自然的造化也在此处埋下伏笔，张杨公路的位置正好是前文提过的古海岸线——冈身。早在古代，先民们就已利用冈身这一略高出地面的微地貌作为道路，史籍里记作"冈身路"。沿着张杨公路（346国道）自西向东而行，经常熟的支梅公路，便接上了204国道，通往上海嘉定方向，这些道路大体基于冈身的走势展开，公路上车辆往来川行，仿佛千年以前拍打岸线的海浪在今日的回响。

以上这些，都是秦振华在上任一两年内干成的事。到了第三年，"三超一争"的任务便完成了。"三超一争"虽然是经济上的奋斗目标，但从城市认同上，因为目光向外，目标明确，也提升了内在的凝聚力。拿常熟来说，既然要超过它，那种做人家小阿弟的心态就要改变。现在塘桥等地的人们，虽然知道自己的乡土旧属常熟，文化习俗相连，但也绝对会自豪地说自己是张家港人。"三超一争"的成功，让他们底气十足。

1994年，通过国家卫生城市验收后，张家港又率先提出要创建全国文明城市。当

↑ 暨阳湖公园大舞台，人们在湖畔起舞。长江活水被引入市区，暨阳湖、沙洲湖、凤凰湖、大新湖及黄泗浦生态园、梁丰生态园等湖泊湿地、生态园林遍布港城，重塑了城市景观。摄影 / 肖顺清

↓ 凤凰湖边，湖风吹走了夏日的炎热，湖面倒映出不远处的凤凰山与永庆寺文昌阁。凤凰山河阳山歌传唱久远，永庆寺相传始建于南朝，属于张家港代表性的江南风貌。摄影 / 许海斌

↑ 1984年永联村民筹资30万元起家创办"沙洲县永联轧钢厂",经过"滚雪球"式的发展,如今已成为全国民营企业500强的永钢集团。张家港今日的成就源自张家港人骨子里的拼劲。摄影 / 肖顺清

↓ 海陆重工的车间流水线上辛勤工作的人们。摄影 / 王庭槐

时国家还没有文明城市的正式称号，更没有相关创建标准，敢于争先的张家港人由此成为文明城市创建活动的标杆。1995年10月18日，中宣部、国务院办公厅在张家港市召开全国精神文明建设经验交流会，推广"一把手抓两手、两手抓两手硬"的张家港经验，"学习张家港，创建文明城"的热潮由此席卷全国。

四年后，张家港成为第一批全国文明城市中唯一的县级市，至今已是"五连冠"。所有的张家港人都参与了这项荣誉的创建，如果你和本地人谈起文明城市，他一定可以侃侃而谈：或许说自己参加过多少志愿活动，又或许笑着说起曾经一不小心被罚款。全情投入、全民投入其中换来的成功，怎能不让张家港人引以为豪？

无论是"三超一争"也好，创建文明城市也罢，张家港人将取得的成就都归功于张家港精神。换句话说，也是归功于他们自己的努力与进取。张家港精神并不是某一个人的，而是这座城市所有拼搏者精神的总和，就像是一粒粒沙聚成陆地，一滴滴水汇成江流。长江到了张家港，江面也变得宽敞起来，生活在这里的人们仿佛也被赋予了磅礴的江海意气，敢于去实现别人眼中笑话一般的梦想，最终完成"边角料"的逆袭。

在诸多沿江城市中，张家港的历史并非悠久，文明并非璀璨，却有如"后浪"般地奋勇向前。文化交错形成了包容的城市性格，使得无数新张家港人源源不断地加入这一群体，因为这座城市让他们相信：脚下的沙洲不惧巨浪，更不惧年轻。

南岸张家港与北岸南通借由沪苏通长江公铁大桥相连,它是南京长江大桥至长江口345千米江面上建成的首座公铁两用大桥,为长三角地区的深度融合提供了快速通道。
摄影/杨斌

张家港湾，人与长江合力

撰文
楼学

如果你乘船路过张家港所在的长江河段，沿途的景象变化一定会令你印象深刻。保税港区、沙钢码头代言了热火朝天的现代工业景观，但两者之间的江岸却画风突变——从老沙码头至段山港的12千米江岸上，昔日的农舍、码头、养殖场都已纷纷让位于生态建设，一处巨大的生态公园正逐渐成形。

在我们到访时，这处名为"张家港湾"的新景观仍在完成其最后的建设工程。对张家港人而言，这是面向长江黄金水道上无数往来船只而打出的巨幅广告，它的诞生，源于人与长江的合力。

沙上，由江水哺育

地处江海交汇处，张家港的历史可以用沧海桑田来形容，而"沙上"的变迁尤为显著。

"沙上"是张家港特殊的地理概念，与南部地区成陆较久的"江南"地带相对，从宋代以来，长江泥沙在河口积涨成陆。张家港湾所在的位置，自清末起便已有西端的拦门沙和东端的段山沙。

如今，张家港湾向长江中凸起，行进在张家港航道上的船只需要在这里拐一个超过90度的大弯才能进入长江主航道，这个伸向江中的凸起便是拦门沙。起初，这里只是江中无数沙洲中的一处，与南面的老岸之间还有一条夹江，当地人称为"老夹"。清光绪年间（1875—1908），老夹逐渐淤塞，拦门沙、段山沙一线以南的沙洲与南面江岸连并成陆，自段山沙以下的江面又形成了两条新的夹江，以段山命名为段山北夹和段山南夹，划分出了江心的中沙洲与北沙洲。这两条夹江最终也未能避免淤塞的命运，中沙洲、北沙洲随之合并成为陆地，成为最年轻的"新沙"。

如今，凸起在江中的拦门沙成为长江南岸两种截然不同的景观的分割点：其西南面的张家港作业航道旁，是极为繁忙的国际化学工业园和各大港口的作业区；而拦门沙以西至段山沙的江岸上，茂密的芦苇几乎遮蔽了江堤，生态鱼塘、滩涂湿地等生境构建出一派宁谧美好的自然风光。

其实仅在数年之前，这段江岸还处在低效、无序的开发之中。以拦门沙为例，由于地处张家港作业航道汇入长江主航道的节点，曾是重要的码头作业区：在仅仅1.53千米的岸线上，密布着8处建材码头和7万平方米堆场，每逢大风天气便飞沙走石，"沿江"没有江景，而是混乱的代名词。

在《苏州日报》的报道中，"临江不见江，近水难近水"成了张家港人的心结。

随着国家层面的"长江大保护"战略的提出，张家港人终于见到了解决这一心结的曙光。是重新规划整顿港区，还是腾退产业、恢复生态？张家港最终选择了投入大、见效慢的后者。

港湾，由人力塑造

从混乱不堪的养殖场和作坊式的小码头，到绿色的生态鱼塘与怀旧主题的工业景观，张家港湾完成了自己的蜕变之路。

古老的江堤被整修一新，养殖场、小码头被腾退。在张家港湾的最东端，仍矗立着原属于当地企业海宏海工船厂的两座龙门吊，昔日的部分工业设施转化为新的城市景观，成为这段江岸的历史记忆。昔日的海事办公楼被改建成张家港湾展示馆。改造工程也有着细微而生动的细节，就连数处原本就筑在屋檐下的鸟窝也被完整保留下来。

在展示馆中，由张家港作业航道进入长江主航道的这处拐弯被描述为长江6300多千米河道上最后一处超过90度的大弯，尽管以"万里长江的最后一道湾"自居，但许多本地学者对此并不满意。最终，一个更恰当、显然也更具野心的新口号被提出——"江海交汇第一湾"。

称谓的转变暗示着一个深刻的动机，从"最后"到"第一"是张家港人再熟悉不过的城市叙事风格，事事赶超争先正是所谓"张家港精神"的写照。

1993年12月15日《人民日报》的头版刊登了文章《苏州跃起六只虎》，一度在苏州六县市中垫底的张家港市凭借初生牛犊不怕虎的精神，成为"六只虎"中最令人瞩目的一只。市委书记秦振华提出了"张家港精神"和惊世骇俗的"三超一争"："工业超常熟，外贸超吴江，城市建设超昆山，各项工作争第一"。这样的口号几乎引起全市哗然，许多干部和市民私下议论纷纷，认为不应好高骛远，须从追赶做起、再谈超越。

地方学者吕大安引述了秦振华当年的回应，"不要赶，超吧！不想着超是赶不上的。"尽管时隔二十余年，我仍能在张家港湾的建设中感受到"张家港精神"的独特魅力。

"人力的塑造"也因此构成了工程和精神两个不同层面的双关。一方面，这片原始的江滩正在轰轰烈烈的改造进程中变成一片景观优美的沿江公园。另一方面，追求"江海交汇第一湾"的称谓，正是"张家港精神"的延续，当地提出"四个最美"的建设目标，"最美江滩、最美江堤、最美江村、最美江湾"，仍延续了当年口气不小的作风。

"口气不小"，是许多人对张家港最直观的印象，但对港城人而言，说出去的话就有信心可以做到。事实上，在以港口为生命线的这座港城，不仅在张家港湾一地规划了生态建设，在其南面的保税区，由长江、张家港、巫山港环绕的区域内，如今也正在规划退港还城，使长江不再是"工业锈带"，

夏日傍晚，市民们在张家港湾石刻前休憩。这里曾是重要的码头作业区，如今却成为人们滨江亲水的绿色走廊。在长江大保护的时代浪潮中，张家港给出了自己的答卷。
摄影/肖顺清

沙上文化是张家港人独有的农业回忆，江边村落永兴村依然保留着沙上村庄的历史格局，传统种植、江滩芦苇、民宿休闲融于一体，让它成为人们心中的"最美江村"。
摄影 / 蔡春林

而是"生活秀带"。

长江无疑是沿线地区发展的生命线。长江水系的货物周转量占到沿江地区社会货物周转总量的60%以上，选择退港还江、退港还城无疑需要巨大的魄力和勇气，张家港湾的实践正给出一个值得参考的蓝本。

长江，更大的主题

清代乾嘉年间，名列"江右三大家"之一的赵翼曾登临杨舍（今张家港市区）城北的望海楼，写下"暨阳城北皆洪流，尚是江尾已海头"的诗句。从此，"江尾海头"成为张家港最为人熟知的地理符号，无数次闪现在本地的诗文集和地方志之中。

在中国封建时代的背景中，"江尾海头"表述了赵翼的豪情与眼界，这位曾经高中探花的常州人长于文学与史学，也表现出对地理的洞察——"江尾海头"之中，隐藏了关于海陆相互作用的质朴理解。

海陆相互作用的关键点就是河口。长江

人们不断探索着与长江和谐共存的方式，登上江边的观景平台，既可以看到两岸繁忙的港口作业区，也可以看到芦苇江滩、生态鱼塘等宁谧美好的自然风光。摄影 / 肖顺清

源自唐古拉山，奔腾6300余千米后抵达江阴鹅鼻嘴，至此进入长江河口区的河口段，在现代地理学的视野中，这里正是海洋与河流交互作用最为强烈的地区。

最初塑造了张家港湾的拦门沙如今早已成陆，成了新的"江南"。但拦门沙之名并非这处沙洲所独有，在自然地理学中，拦门沙被广泛用来标记河口海陆相互作用的动力平衡带，拦门沙的出现即意味着这里成了河流与海潮两大力量的平衡点——在这处早已湮灭的沙洲中，不断被本地文人所重复的"江尾海头"的文学叙述，与更现代、更科学的河口概念联系在一起。

与其他类型的生态系统相比，河口生态系统与陆地、河流和海洋三大生态系统频繁进行物质交换，使得这里的生态系统开放性更高，其结构与过程也更加复杂多变。几百年来，长江三角洲是人类活动最频繁、最强烈的区域之一，历史悠久的滩涂促淤围垦工程、深水航道港口修建、工农业排污、外来入侵种引入和掠夺性非法捕捞，使河口生态系统面临着日益严重的环境压力和生态灾害

频发的风险。

此外,还有另一种前景尚不明确、学术界至今依然争论不休的隐患,那就是长江口断崖式下跌的泥沙量。长江口的泥沙量在20世纪五六十年代达到峰值后,呈逐年下降的趋势,1950—1980年,长江年平均入海沙量约4.70亿吨;80年代后长江中上游干、支流水库建设大规模兴起,1981—2002年,均值减少到3.72亿吨;2003—2018年,年均输沙量更大幅降至1.34亿吨,2018年当年的数据更是只有0.83亿吨。这种趋势会打破长江三角洲淤涨与侵蚀的平衡,作为诞生于沙洲之上的城市,岸线保护已成为张家港的重要课题。

从生产岸线到生态岸线的转变,张家港湾是这座港口城市一系列长江保护措施中的代表。在港湾西侧,依然保持沙洲形态的双山岛正打造以"长江慢岛"为理念的度假休闲区,港湾下游的长江中的通洲沙则是长江口区域洲岛型国际重要湿地,目标是成为长江生物多样性保护和展示的范本。此外,长江南岸的大桥公园、常阴沙现代农业示范园

绿色发展已成为张家港的常态。张家港湾对面,"离岛安置"综合整治后的双山岛犹如一条绿毯铺在江面,这里被定位为"不开发岛",与张家港湾交相辉映。摄影/蔡春林

区等一系列江岸生态建设已经成形,未来还会持续增加。

张家港,这座沙洲之城正在恢复其古老原始的自然定位:是众多珍稀鸟类的栖息地,是长江流域濒危候鸟迁徙廊道的重要节点,是长江鱼类重要生存繁衍基地,也是长江珍稀鱼类的洄游通道。

也许,动物比人类更能感受长江环境的变迁。长江口湿地是"东亚—澳大利亚"鸟类迁徙路线上重要的中途停歇地。据统计,张家港目前观测记录到的鸟类有260余种,每年长距离迁飞上万千米的鸻鹬就有47种,包括国际上濒危和罕见的剑鸻、小杓鹬、中杓鹬、东方鸻、流苏鹬等,多次开创了苏州首次观测记录。不随季节迁徙的留鸟中,被称为"鸟中大熊猫"的濒危物种震旦鸦雀也开始出现在张家港湾逐渐恢复的芦苇湿地里。

张家港湾,本由人与长江合力塑造,也应意味着人与长江的和谐共存。

当我们在张家港谈论长江时，我们谈论什么

撰文 聂靖

2004年张家港创设"长江文化艺术节"，一座县级市扛起了弘扬长江文化的大旗，至今已历十余载。伴随着社会影响力持续扩大，张家港长江文化艺术节已成为当地最具国际影响力的节庆。长江流域各个县市优秀的地方文化汇聚一堂，扎根本土的群众文艺与专业团队的精彩演出交相辉映，将长江文化深深镌刻在城市记忆与城市精神中。

通过追寻文化节发展的轨迹，我们可以清晰地逐渐地看见张家港人传承长江文化的意识与实践深化的过程。

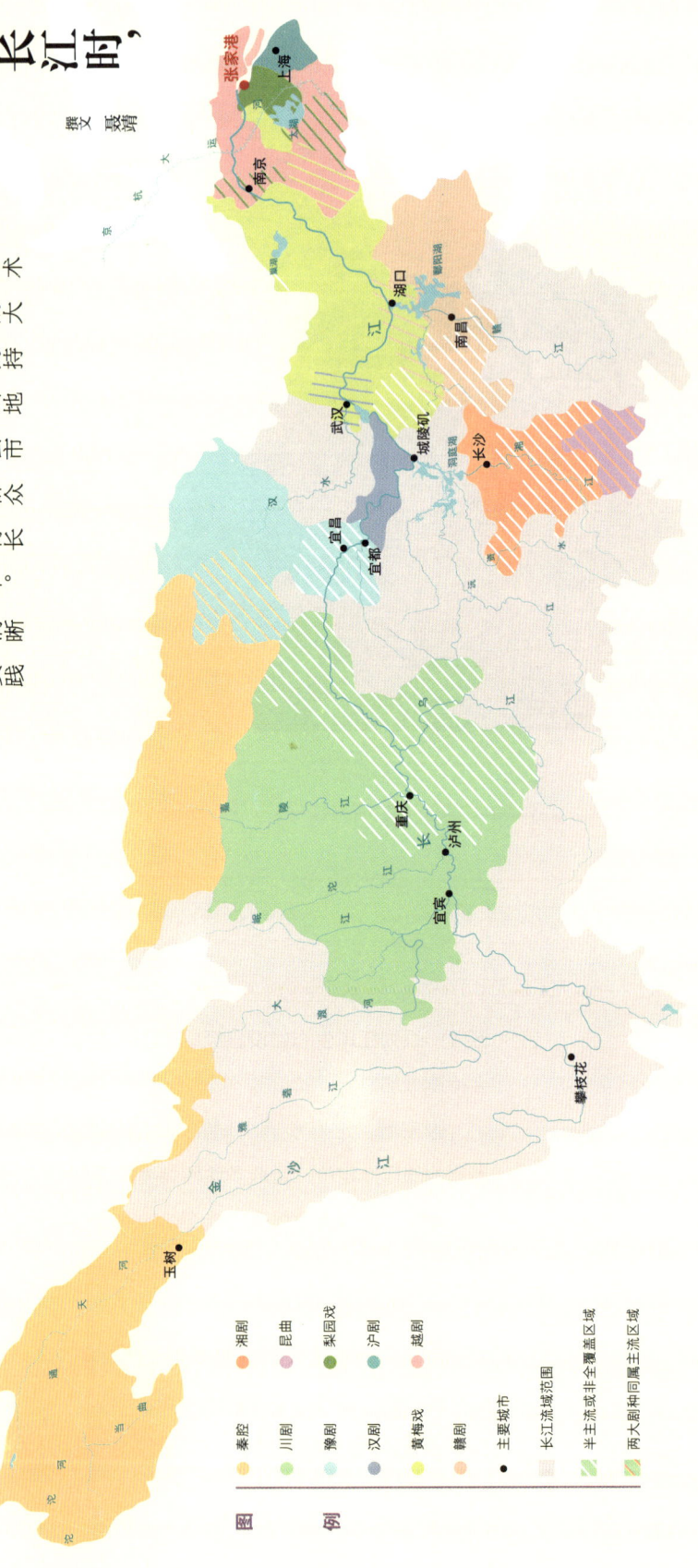

2004 第一届
中国（张家港）长江流域戏剧艺术节

2004年11月，首届艺术节举行。第一届"张家港·长江流域戏剧艺术节"内容丰富，包括花鼓戏、楚剧、川剧、黄梅戏等多剧种的精彩演出；召开长江流域戏剧发展联盟研讨会，发表《长江流域戏剧发展战略联盟宣言》，共商传统戏剧发展大计；举办"长江名城·长江人""长江名城文化风情电视片展播周，展播沿江城市的风情和文化，分享区域经验。

2005 第二届
中国（张家港）长江文化艺术展示周

第二届艺术节以"长江流域非物质文化遗产的保护与发展"为主题，创新举办首届长江流域民族民间艺术节，开展长江流域民族民间文艺过街巡游表演、"伟大的遗产""长江流域民族民间文艺主题展览、"长江风"长江流域民族民间文艺晚会等活动。其中，过街巡演汇聚沿江各省区市和张家港市各镇（区）的27支地方民族民间文艺表演团队，盛况空前。

2006 第三届

本届艺术节恰逢张家港撤县建市20周年，开幕式文艺演出结合绚丽多彩的风土人情和民族民间表演艺术，突出展现了全市20年来经济社会建设取得的可喜成就。开展第二届（张家港）长江流域戏剧艺术节、长江流域戏剧发展战略研讨会、长江流域民间文艺工作者联谊会，《中国·河阳山歌集》首发式暨河阳山歌推介会等活动。

2007 第四届
中国（张家港）长江文化艺术节

2007年，正式更名为中国（张家港）长江文化艺术节。"摄长江""长江颂"全国摄影艺术精品展盛大揭幕，一幅幅流光溢彩的摄影作品再现了壮丽无边的母亲河。同时，张家港作为全国县市首家"小戏小品"创作基地，承办了第二届"中国戏剧奖·小戏小品奖"评选暨第二届全国小戏小品大赛。经过六场激烈角逐，"中国戏剧奖"的小戏和小品类各产生出10个获奖作品。

2008 第五届
中国（张家港）长江文化艺术节

本届艺术节，举办了"欢乐中国行·魅力张家港"大型文艺晚会、"长江颂"全国新闻摄影作品大赛、《张家港历史文化丛书》首发式、长江流域民间文艺家协会联谊会等活动，另有第十五届中韩日（BESETO）戏剧节暨第三届（张家港）长江流域戏剧艺术节，除国内10个省（市）的表演团队外，更邀请韩国、日本共13家专业剧团轮流演出，演职人员超过1000人。

中国（张家港）长江文化艺术节

2009 第六届

举办第三届（张家港）长江流域民族民间艺术节、第三届（张家港）全国小戏小品大赛等16项活动，邀请著名文化学者余秋雨做题为"长江文化与城市文化建设"专题讲座。除了有藏族舞蹈、云南哈尼族舞蹈、羌族民歌等各地富有代表性的歌舞表演外，还有沿江各地汇集的16支民族民间文艺表演团队在基层巡演，让市民在家门口领略多姿多彩的民族民间文化。

2010 第七届

2010年，中国长江文化艺术网开通，建成历届长江文化艺术节专题资料库，并在此基础上建成以整个长江流域文化艺术为主题的门户网站。本届艺术节活动以"说长江"为主旋律，举办"长江颂"全国曲艺作品征集大赛。艺术节期间还举办了第四届长江流域戏剧艺术节，众多"梅花奖"获奖演员登台演出，奉献了昆剧、川剧、滑稽戏等8台精品大戏。

2011 第八届

2011中国（张家港）长江文化艺术节的主要活动包括：2011中国文化发展论坛、"长江颂"全国诗歌作品征集活动、第四届（张家港）长江流域民间艺术节、第四届（张家港）全国小戏小品大赛、《张家港人文精萃丛书》等三套本土历史文化图书出版发行以及2011年中国（张家港）长江文化艺术节"群星讲堂"开班。

2012 第九届

2012年的艺术节恰逢张家港市建县（市）50周年，以"拍长江"来歌颂长江，创新举办首届"长江·长江人"全国微视频大赛。第五届（张家港）长江流域戏剧艺术节，开幕式邀请25位"梅花奖"艺术家带来越剧、昆曲、京剧等9个精彩节目；9台优秀大戏分别在保利大剧院和永联文化中心参加展演，"精品小戏进社区"巡演活动选送7个精品小戏分赴各镇（区）演出。

2013 第十届

本届艺术节坚持"时代性、群众性、节俭性、实效性"原则，开幕式取消了过去惯用的大型晚会，而将简短隆重的开幕仪式与长江流域民间艺术节街展演合并举行，所有活动均以"长江文化"为核心，回归长江文化本源，凸显了群众参与性。本届艺术节还以"映长江"为主旋律，举办"寻找长江文化的十个符号"——中国张家港首届微电影大赛。

2014 第十一届

本届艺术节延续"时代性、群众性、节俭性、实效性"原则，将大开幕式与第六届（张家港）长江流域戏剧颁奖仪式合并举行。第五届"中国戏剧奖·理论评论奖"艺术节开幕式、第五届"中国戏剧奖·理论评论奖"颁奖仪式合并举行。创新举办长江流域小戏小品展演、长江流域民间艺术博览会，听文物讲述长江的故事等活动，将更多的长江流域文化资源汇聚在张家港，进一步提升了长江文化艺术节活动品牌的影响力。

2015 第十二届

本届艺术节秉持"以文化人、以文惠民、以文强市"的理念,创新办节理念,扩展合作领域,融入国际元素,举办第五届国际幽默艺术周、第六届(张家港)长江流域民族民间艺术节、第六届全国戏曲小品展演、"长江文化研究与长江经济带建设"专题研讨会、时代丹青——南京书画院花鸟画研究所所作展等系列活动,为港城市民奉上文化大餐。

2016 第十三届

本届艺术节以"弘扬长江文化,展示城市风采,凝聚逐梦力量"为主题,举办第七届(张家港)长江流域民间艺术节、第二届长江流域民间艺术博览会、长江流域群众文化学会座谈会和戏剧家协会座谈会、纪念张家港撤县建市30周年文学摄影作品征集展示活动等多个活动,展示长江文化丰厚底蕴,拓展长江文化传播渠道,进一步增强城市文化自信。

2017 第十四届

本届艺术节主要活动包括第七届(张家港)长江流域民族民间艺术节、第七届全国优秀小戏小品展演、"长江文明的传承与发展"系列座谈会、纪念吴景略诞生110周年系列活动、中国(张家港)小剧场艺术荟萃、江苏省民间艺术展演暨江苏民间文艺"迎春花奖"民间艺术表演奖评奖活动。同时,2017年,张家港市首次承办中国少儿戏曲小梅花荟萃(集体节目)。

2018 第十五届

本届艺术节主要活动包括第六届国际幽默艺术周、第八届(张家港)首届"中国农民丰收节""在希望的田野上"首届长江流域戏剧节"开幕式等活动。紧紧围绕改革开放40周年主题,打造国际、交流、交融、共建、共享"的良好平台,成为向世界展示张家港城市风貌的文艺节目特别到张家港,国内最具水准的重要窗口。

2019 第十六届

本届艺术节主要活动包括第八届长江流域民族民间艺术节、张家港小剧场艺术季、首届全国原创曲艺小品优秀节目展演、第八届全国优秀小戏小品展演等活动。"长江文明物语——长江文明与海上丝绸之路"主题展览汇集了青海柳湾彩陶博物馆、四川博物院、湖北省博物馆等多家博物馆所藏珍贵文物,深入解读和诠释了长江文明对中华文明的影响、海上丝绸之路等一系列学术问题。

摄影/杨斌

地道风物

长江是张家港最为强大的文化基因。大江之边，东山村遗址诉说着中华文明的长江起源；唐代高僧鉴真从黄泗浦起航，将华夏文明之光远播东瀛；底蕴深厚的水乡村落萌生于密布河网的节点，口耳相传的山歌守护着农耕文明的记忆。

在东山村遇见文明曙光

黄泗浦遗址——鉴真东渡起航地的秘密

流动的恬庄

河阳山歌：传唱千年，因天性而歌

在东山村遇见文明曙光

撰文
陈伊功

供图
张家港市博物馆 等

> 我总能在过去找到归家的感觉,毕竟,没有那连绵不断的过往记忆又何来今朝?有些记忆被镌刻石上,我们都是这些记忆的继承者,并尽可能地守护好这些遗产。只有这样,我们才能将古人的启示传递给未来。
>
> ——英国广播公司(BBC)纪录片《文明》开场白

中华文明的长江源头

历史之于民族,犹如记忆之于个人。人类从蛮荒进入文明社会就像婴儿逐渐拥有自我意识的过程,这也是中华文明演绎出浩瀚长卷的起点。在过去很长一段时间内,出于一种认为文明从单一地点、由同一族群星火燎原而来的思维惯性,人们往往只将黄河视为中华文明的摇篮。然而,随着国内考古工作的不断推进,事实证明,对于地域广袤、环境多样的中华大地来说,多元化才是文明起源的真正形态。

中国考古学界泰斗苏秉琦认为,中华文明形成和发展的总体框架是:"超百万年的文化根系,上万年的文明起步,五千年的古国,两千年的中华统一实体"。他根据我国数以千计的新石器时代遗址提出了"满天星斗说",即这些多如繁星的史前文明都是成长为中华文明的基础根系,缺一不可。

在长江流域的史前文明中,良渚文化的发现一举惊艳了世界。2019年,良渚古城遗址又因入选《世界遗产名录》而备受瞩目。这座1936年首次发现的古城位于浙江省杭州市余杭区,遗址年代距今已有4300到5300年之久。良渚遗址出土的玉器,特别是其上雕刻精美的神人兽面纹族徽达到了现代工艺都无法复制的细致程度。世界遗产委员会认为:"良渚古城遗址展现了一个存在于中国新石器时代晚期的以稻作农业为经济支撑、并存在社会分化和统一信仰体系的早期区域性国家形态,印证了长江流域对中华文明起源的杰出贡献。"

罗马不是一天建成的,良渚古城自然也非横空出世,人们不禁要问:良渚之前的文明在哪里?或者,良渚之前是否有文明?考古工作者凭着"上穷碧落下黄泉"的不断摸索,终于在张家港市金港镇的东山村遗址找到了这一问题的答案。它的发现不仅印证了苏秉琦先生"满天星斗"的理论,更将中华文明在长江下游的起源向前推进了一大步。

1989 年，金港镇南沙办事处修建办公楼时发现大量陶片与红烧土块，考古队随即在当年以及次年对该地展开了第一轮调查与试掘。试掘工作是从遗址中部、东部、北部勘探的 4 个探方或探沟开始的，参考以往的发掘经验，遗址中部往往是文化堆积最厚、内涵最丰富之处，但东山村遗址却是个例外，这也使得首轮试掘并未触及西部核心墓葬区域。根据当时的发掘结果，人们认为东山村是一处以马家浜文化为主的新石器时代村落遗址。马家浜文化距今 6000 至 7000 年，以浙江嘉兴马家浜遗址命名，在长江与钱塘江之间多有分布。马家浜文化向世人揭示了一个以稻作农业生产为主的史前社会，因此也被誉为"江南文化的源头"。

承接马家浜文化的是距今 5300 至 6000 年的崧泽文化，后者因首次在上海青浦区崧泽村发现而得名。这一时期，经过生产力的发展与积淀，农业产出出现剩余，母系社会开始向父系社会过渡，预示了阶级分化和集权的前兆。崧泽文化被认为是良渚文化的前身，然而直到东山村遗址的第二轮发掘，马家浜—崧泽—良渚的文明序列才真正找到了那块承前启后的关键拼图。

2008 年 8 月至 2010 年 2 月，经国家文物局批准，新一轮考古勘探和发掘在东山村遗址进行。随着发掘的深入，人们意识到东山村遗址不仅跨越了马家浜、崧泽两个文化时期，尘封的土层下还埋藏着更多重构人类文明进程认知体系的秘密。东山村的特殊意义，也让它入选 2009 年度的"中国十大考古新发现"。

两轮发掘，揭开东山村的远古面纱

1989 年首先发掘的东山村遗址中部区域，显示有房屋构筑的遗迹。两处占地面积较大的房址有大面积红烧土堆积，其中依稀可见印有芦苇杆状的凹槽，这表明两间大屋都是木骨泥墙式建筑，也就是以树木植物的枝干作为架构，再以泥土砌筑墙面，形成一个相对牢固的室内空间。两处房址周围还规律地分布着一些柱洞，据推测，这里应原建有数个干栏式的房屋建筑，就像南方少数民族居住的吊脚楼，只会在地面留下固定木柱的坑洞而并无墙体基槽。区别于北方地区的半地穴式房屋，木骨泥墙和干栏式建筑因其适合南方潮湿炎热的气候被历代居民沿用至今，而东山村居民在 6000 年前已经在使用这种营造式样。

同样较早勘探的，是后来被证实为小型墓葬区域的东山村遗址东部地带。这块区域分布着众多方向、大小基本一致的墓葬：墓坑长度在 2 米左右，宽不超过 1 米。每个墓葬出土的随葬物品绝大多数不超过 20 件，一般都为陶器，偶有小件玉器发现，埋葬时间跨越了马家浜文化时期和崧泽文化早、中、晚三期。与同时期其他遗址发现的墓葬相比较，无论从规模大小、随葬品数量还是珍贵程度，东区的这些墓葬都比较平庸。

东山村遗址最重要或者说最出人意料的发现在于另一侧的西区，考古工作者在这个区域发现了十多座规格超过同时期各地其他遗址的高等级墓葬。此前，已发现的崧泽文化墓葬主要有上海崧泽遗址 148 座、浙江苏嘉兴南河浜遗址 92 座、浙江毘山遗址 61 座等，从这些墓葬的发掘结果来看，崧泽文化不论在早期还是中晚期都延续了前期马家浜文化的氏族公共墓地的形式，虽然在不同的墓坑中随葬品有多寡之差别，表明同一氏族中已然出现了贫富分化，但成员仍没有身份地位上的显著差异，这与北方红山文化、仰韶文化等大体处于相同时期的遗址情况保持一致。

东山村遗址墓区的发掘却揭示出一种截然不同的情形：东、西两个墓区以中部的居住区作明确划分，西区墓葬在直观规模上就与东区形成鲜明对比，它们长度多在 3 米左右，宽度约 1.7 米，个别墓葬中甚至发现有葬具的痕迹，意味着人们将身份尊贵的族人安置进木棺再行埋葬。随葬品数量上的差距则更为明显，西区各墓葬内的随葬品数量多超过 30 件，除了各种形制的陶器外，还有打磨精细的石器、玉器等具有一定象征意义的礼仪性物件。

在中华文化的史前时代，玉器因其特殊的光泽与质感受到广泛尊崇，又因原料稀缺和制作困难往往成为祭祀天地神灵的礼器。东山村遗址的高等级墓葬中出土了丰富的璜、瑗、钺、玦、环、管、珠、坠、凿等各类玉器，这些器物并非生活必需品，又需耗费大量人力、时间开采、加工，无疑是拥有者权力与财力的象征。

王者时代与文明曙光

东山村遗址中最为著名的发现是西区编号为 M90 的崧泽文化时代大墓，它一经发现即拥有了众多瞩目的光环。长期从事中国文明起源研究的著名考古学教授严文明先生，在亲眼见到这座墓葬的出土情形后感到尤为兴奋，认为"它就是一个'王'"，并欣然为其写下"崧泽王"的题字。

通过与其他遗址出土情况的比对，考古学家认定 M90 号墓属于距今 5500 至 6000 年的崧泽文化早期。其墓口长 3.05 米、宽 1.7～1.8 米，至底部略收。由于墓主人骨架基本腐朽，已经难以辨其性别、年龄。墓中出土的随葬品共有 65 件（套），包含陶器 33 件（套），玉器 19 件，石器 13 件，无论是数量还是质量都超过了同文化时期的其他墓葬。

在墓主人头部附近，考古人员发现了一件深紫色圆锥形石器，独特的外观不禁让人对它的实际用途产生好奇。根据实验室对其成分的测定发现，它竟然是由一块含铁量高达 90% 的天然铁矿石磨制而成。结合该墓中另有出土的数件长条形砺石，有专家认为石锥与砺石正可组合为一套打磨玉器的工具，而这位墓主人生前就掌握着这个部族玉器制造的大权。

此外，墓中出土的大型石器也颇值得推敲：5 件石钺长度都超过了 16 厘米，虽有磨制光滑的双面刃口，却都不见使用痕迹，说明它们被制作出来即作为礼器而非实用工具，其中一件石钺还被发现原饰有红色彩绘，这更坐实了礼器的用途；2 件石锛通体打磨平整，至今棱角鲜明，同样未经使用。在新石器时代，石钺和石锛都具有军权或王权的象征，东山村遗址的发现更加印证了这一观

随着发掘的深入,人们意识到东山村遗址不仅跨越了马家浜、崧泽两个文化时期,尘封的土层下还埋着更多重构人类文明进程认知体系的秘密。
摄影/戴建东

↑ 遗址中部的Ⅱ区，主要是建筑区，发现多座崧泽文化房址，编号F1—F5。考古学家圈出了柱洞的位置，图片底部并列的两座F1和F2有大面积红烧土倒塌堆积。

↓ 遗址西部Ⅲ区局部，崧泽文化大墓，图中最左侧探方内即M90大墓，出土丰富，被考古学家严文明先生誉为"崧泽王"。右侧三座自上而下分别为M95、M92、M89大墓。
摄影 / 范品才

点,并将这种象征意义的赋予定格于较以往更前的崧泽文化早期。

M90号墓的发掘还解决了一直困扰着考古工作者的疑惑:此前发现的崧泽文化遗址中都是低规格的小型墓葬,而进入到良渚文化却从一开始就出现了高等级大墓,仿佛是一夜之间发展进程的突变。M90顺理成章地填补了其间的空缺,让长江下游史前文明的序列更为完整。

随着遗址西区清理工作的继续,在M90号墓北侧,又一座大墓从堆积的土层中逐渐显现出来,考古工作者按序将它编号为M101。这座墓葬中的骨架虽已腐朽,但仍可辨识属于一位成年女性。共出土随葬品33件,其中玉器便有21件,涵盖了玉璜、玉玦、玉管等多种玉饰件。在墓主人颈部集中发现的5件玉璜,由短到长进行摆放时,呈现出一个有趣的现象:玉璜由半圆形,到弯弧形,到略弧形,再到直形。排列等序,变化有度,不由得令人将其与后世长期沿用的组璜佩、玉组佩联系在一起,就已有的考古成果来说,这组玉璜代表着玉器以组璜形式佩戴的起源。

当M101号墓清理完毕时,很多学者因出土玉器的丰厚程度对墓葬时间提出疑问,专家最终根据随葬陶器的形态特征确定其年代为马家浜文化晚期。作为迄今马家浜文化墓葬中规模和等级最高的一座,从时间发展顺序而言,它的发现也为崧泽文化高等级墓葬找到了源头。

根据东山村遗址西区的发掘情况,这些高等级墓葬都没有出现任何打破或叠压关系,说明至少在300多年的时间里,东山村西区墓地都受到了有序看管,或许这正是对贵族身份的认同与尊重。所有证据都表明,史前时代组织阶层复杂化、社会重大转型的起点并非在黄河流域或者中原地方,而是在马家浜至崧泽文化时期的长江下游张家港东山村。

迄今为止,在东山村遗址周围,仅张家港境内就发现有徐家湾、许庄、蔡墩、韩墩、河阳山、凤凰山、西新村、西张、西旸、老烟墩等10处新石器时代遗址。东山村这一聚落以无可匹及的经济、文化中心地位,在马家浜文化后期到崧泽文化的历史进程中,如众星捧月般引领着长江下游尤其是环太湖流域的发展方向。此外,东山村遗址中还出土了一件与长江流域风格迥异的陶制尖底瓶,从器型与纹饰来看明显来自黄河流域的仰韶文化,可以推测距今6000年前的中华大地上已经开始了南北方文化交流。相信随着对历史遗存重要性的珍视和对人类文明的不断探索,张家港东山村这片文明曙光带给我们的启示将远不止于此。

新石器时代　马家浜文化
距今 6000 ～ 7000 年

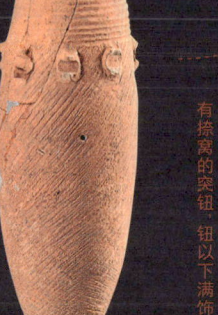

尖底粗 夹砂红陶，口微敛，尖底，似橄榄形，深腹微鼓，近口部饰多道弦纹，弦纹以下附加7个中部饰有棕窝的突钮，钮以下满饰绳纹。

陶豆 泥质红陶，器表施红衣，敛口，尖圆唇，斜直腹，豆柄为高喇叭形，柄中部饰两道凸棱。

陶鬶 泥质黑陶，喇叭形口，尖圆唇，宽圆肩，腹较直，圜底，凿形足。一足上方附有一个三角形把手。

组合玉璜 组合玉璜共5件，质地有透闪石、蛇纹石、石英岩等，按直径由小到大，形体依次呈半璜形舒展为两端翘起的长条形。各件器物两端有单面钻或对钻的圆孔，残断处有修补孔。

新石器时代　崧泽文化
距今 5300 ～ 6000 年

陶罐 有腰脊罐。泥质黄褐陶，器表施红衣。侈口，圆唇，短束颈，宽圆肩，弧腹，平底。器腹中部饰一周附加堆纹，其上堆贴四个对称的小耳鋬。

石钺 火山角砾凝灰岩。整体呈舌形，顶部略平，留有打制成坯时的石片疤，器身磨制光滑，双面刃，刃部短圆，未见使用痕迹。两面管钻，孔中留有对钻痕迹。

长江文明密码
东山村遗址出土文物珍品

长江下游地区的新石器时代考古以往主要集中于太湖流域腹地，张家港东山村遗址则是探索沿江地区文明进程的重要线索。遗址出土文物年代横跨马家浜与崧泽两个文化期，为重新认识环太湖流域史前文化的整体面貌与社会生产力发展水平提供了新资料。从崧泽文化早中期高等级大墓中出土的器物做工精良，远甚于其他墓葬所见，证明至少在距今5800年前后，已出现明显的贫富分化与社会分层。

刻纹纺轮

泥质黄褐陶。圆饼状，底面边缘饰有一周蝌蚪纹。

陶盉

泥质黑陶。侈口，斜短流，溜肩折腹，矮圈足。折腹处装有扁环形把手，上腹部饰密集细弦纹，圈足处饰3个圆形镂孔。

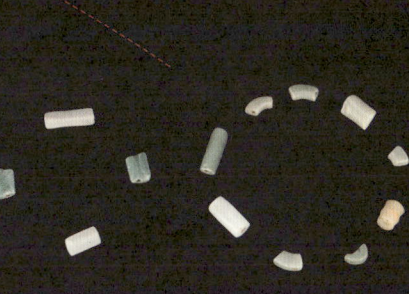

组合玉管

石英岩质，多乳白色、青色，形状有圆柱形、弯弧形、不规则形等，两端对钻穿孔。

有段石锛

青灰色细砂岩。器身呈长方形，磨制精细，段部呈直角，单面刃，较锋利。

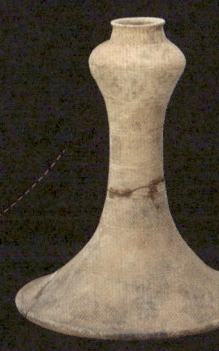

豆形器座

泥质灰陶。造型与罐形豆相似，通体饰多组3道一组的凹弦纹组，喇叭形圈足宽大，边缘起卷。

组合炊具

夹砂红褐陶。分为上、下两部分。上部分为带盖陶甑，下部分为陶鼎。

黄泗浦遗址
——鉴真东渡起航地的秘密

撰文
陈伊功

　　浦，濒也，河流入海之地。黄泗浦，水道之名，位于长江以南14千米的张家港市杨舍镇庆安村与塘桥镇滩里村交界处，默默地流淌在通锡高速边上，穿过农田与村舍，与纵横交错的灌溉水系融为一体。光凭想象，没有人能将这里与出海大港联系在一起，但据史料记载，1200多年前唐代高僧鉴真正是从这里起航，完成了东渡壮举。

　　2008年第三次全国文物普查时，在紧邻黄泗浦河的一处农林公司内，工作人员发现地表裸露许多古代瓷器碎片，其中一块青瓷的年代更远至西晋，考古队随即决定在附近开挖探沟，寻找历史遗留下的蛛丝马迹。那些握着手铲的考古工作者大概不曾料到，12年后，这个遗址的故事仍未讲完，其中的丰富内涵更让它入选2018年度"全国十大考古新发现"的顶级榜单。

唤醒沉睡的江海巨港

　　如今的黄泗浦河与众多连接太湖、长江的水系一样，保持着由南向北的流向，但在对黄泗浦遗址的首次发掘工作中，考古人员发现了另一条与现行河道互相垂直的唐代河道。根据该河道的线性堆积特征推断，唐代黄泗浦水道在此地流经时迅速拐了一个近乎垂直的弯，又由东向西流去，仅五六百米即可抵达当时的长江南岸。古河道剖面图显示唐代浦口宽度曾超过90米，最深处距现地表超过7米，这为运载船只的体量提供了保证。唐代河床底层出土了数千枚成串铜钱、大量瓷器碎片，往日通江大港的繁华景象依稀可辨。

　　随着考古发掘的深入，在唐代河流的南侧，也就是河道转弯的堆积岸，一个完整的院落遗址逐渐从尘封的土层中浮现出来。该院落平面呈中轴线对称分布，含大型长排房、回字形房、带回廊的长方形房等多处基址。中轴线布局给人以庄重浑厚的效果，在古代除了皇家宫殿，多为寺庙宫观所使用，这座位于郊远河滨的中型院落显然属于后一类型。考古人员在遗址南侧发现了一个疑似山门的基址结构，出土了唐代石质天王像、力士像、莲花纹瓦当等，坐实了唐代寺院的推测。后世《常熟县志》《海虞别乘》等书都有关于这里一座始建于梁代佛教寺院的记载，古名"尊胜禅院"，是为物史相印证了。

唐代早期，江南的开发尚在初始阶段，没有北方三秦大地的皇城巍峨、金戈豪杰，但得益于前朝运河的开挖以及海上丝绸之路的成熟，一批跨国航行者往来于海内外，书写了空前繁荣的对外交流史。综合黄泗浦遗址揭露出的唐代遗迹：古港、出海大浦、唐代寺院……一切线索似乎都指向了一个愈发清晰的身影——鉴真。

由鉴真弟子撰写的《唐大和尚东征传》完整记述了鉴真东渡的全过程，经历了前五次出行遇到的遭人诬告、强行挽留、漂流南海等失败后，书中在描写第六次东渡启程时记载到："大和上（尚）于天宝十二载（753）十月二十九日戌时从龙兴寺出，至江头……乘船下，至苏州黄泗浦。"

大和尚鉴真从扬州乘船经过约一天的航行来到黄泗浦，与早已抵达这里的日本遣唐使汇合。待几处分至的随行人员都到齐，又过了半个月，已经是十一月十五日。为避免官府搜船阻碍出海，鉴真师徒一直等到深夜。正在一切准备停当，四舟同发之即，突然一只野鸡飞到头船前方，这被认为是不祥之兆。船队决定下锚停留，到十六日再次出发。

这一次，鉴真终于成功了。

一间古寺，连接起大唐与奈良

直至圆寂他乡，鉴真的足迹再未踏归故土，黄泗浦的半个月成了他关于大唐的最后记忆。根据对尊胜禅院遗迹的考古，可以大致重构鉴真一行人在这里的生活。禅院不仅拥有满足僧侣生活必需的正殿、僧房、食堂，还有适于更多人口聚居的生活设施，单在院落中青砖垒砌的灶址就有4处。其中有一处双口灶台，考古人员在灶台上方发现了一处旧灶址，根据堆积顺序判断应是原有双口灶不够满足用餐规模，又深挖重垒了更大的、每口直径超过1米的新灶。院落西侧是面积达280平方米的仓廒类遗迹，分布着如方阵般规整的密集礅墩。显然，就规格而言，这些设施已经远远超过了普通寺院的配置，更像一个为船队提供补给的驿站，鉴真与弟子们可以在此充分休憩并作补给准备。

寺院房址周边有3口唐代水井，无论是深度还是直径都可谓同期罕见，而整个黄泗浦遗址内更是一共揭示出古井65口。今天身处黄泗浦的人们，或许很难理解为何紧邻河水的地方需开挖这么多水井，然而若是将时间向前倒转1200年，鉴真在这里放眼望见的，却是长江入海口的江海洪流。潮汐水涨由喇叭口倒灌入黄泗浦，使船只可以顺势入港停靠，却也带来咸涩难咽的海水，因此，人们只得通过水井获取经土层过滤的淡水资源。遗址中还发现了年代更早的南朝古井，因井深较浅，聪明的古人还想到了在底部覆扣陶盆的过滤方法。东渡沧溟，西太平洋的飓风难以预测，在海上偏离航线漂流数月也是常有的事，从这些井中提取的充足淡水为远航的人们提供了生命保障。

天宝十二年十二月二十日，鉴真一行在海上度过了"风雨大发，不知四方"各种险

日本重要文物《东征传绘卷》描绘了鉴真从出家到东渡日本建立唐招提寺的辉煌一生。图为绘卷卷四局部，鉴真一行终于抵达日本，在众人的注目下走进奈良太宰府。
供图/视觉中国

阻的33天后，终于到达日本秋妻屋浦（今鹿儿岛）。次年二月四日，鉴真进入都城奈良，受到日本圣武太上皇和孝谦女天皇极大的尊崇。彼时，奈良城供奉卢舍那佛的东大寺已动土修造十余年，天皇授予鉴真"传灯大法师位"，让其在此设立戒坛，为皇室与僧众受戒，日本佛教的戒律制度由此真正确立。

日本天平宝字三年（759），为更好地传布、研究经律，奈良一处亲王旧宅址在鉴真的主持下立建为伽蓝，这便是闻名后世的唐招提寺。如果手持奈良唐招提寺的平面图站在黄泗浦遗址旁，你会发现两者惊人的相似之处：都以金堂、长排房、食堂等建筑为主体，呈中轴对称排布，甚至在它们的北边都有一条河流以同样朝向经过。或许是尊胜禅院赋予鉴真的灵感，也或许是从这里出发的弟子们下意识地按照他们对大唐寺院的最后印象建造了唐招提寺，毫无疑问，隔海相望的两座寺院建筑骨子里流淌着的是一脉相承的唐文化基因。

海的这一边，黄泗浦水依旧浩浩汤汤地流淌在大唐国境的东方，见证着每一日的舶来客往。谁也没有料到，鉴真东渡两年后，一朝渔阳鼙鼓惊破霓裳羽衣，安史之乱的烽火点燃了华夏大地，不知远在扶桑的鉴真听闻战乱的消息是否也为故国运数殚精祈愿。这场重创唐帝国的战火一直烧了八年，就在祸乱平息后仅数月，鉴真也在异国他乡圆寂了。弟子回忆，临终时的鉴真朝着故国的方向"结跏趺坐，面西化"。

一座古港，见证中国经济重心南移

安史之乱是唐王朝由盛转衰的拐点，也是中国南北地方社会经济发展的历史性转折点。大量躲避战乱的人口沿着运河南迁并定居下来。黄泗浦所在的苏州是江南人口增长最快的地区之一，唐代初年，苏州的人口仅1.1万余户，安史之乱使这里的人口突破10万户，唐末更超过了14万户。人口增长奠定了苏州经济持续繁荣的基础，根据宋代《吴郡志》所引《大唐国要图》的记录，苏州每年向唐廷缴纳赋税105万贯钱——当时两浙地区13州平均每州缴纳51万贯，苏州的税额是其两倍还多。

黄泗浦作为苏州地区长江入海前最后支流之一，向外可以河港作海港，向内衔接大运河又辐射长江全流域，每年经此向西往长安、东都洛阳二地运送的田赋税捐自不在少数，每天在这里迎来送往的富商巨贾也定然屡见不鲜。黄泗浦唐代河道底部出土了四千多枚铜钱，统计后发现其中以成色好、质量高的"良币"——"开元通宝"数量最多，根据现场情况来看，这些大量的流通货币很可能是以整箱沉入水底；考古人员在对编号为J14的水井进行清理时，一枚做工精良、纹饰优美的海兽葡萄纹铜镜从千年掩土中显露芳容，即便经历过岁月的冲刷，镜背禽鸟、瑞兽穿绕藤蔓花枝的浮雕依旧清晰明丽，按照唐代的市价，这样一枚铜镜足够抵换一名婢女；另一口编号为J8的古井则出土了一件精致可爱的唐代酱釉猴塑，造型呈一家三猴紧紧相依，大猴背母猴再背小猴，不仅有"辈辈封侯"的寓意，更传达出和睦亲情

在日本，鉴真和尚坐像有两座，一座是陈列于奈良唐招提寺的鉴真干漆像，另一座是奈良东大寺木质鉴真和尚坐像，都是日本国宝级文物，图为唐招提寺鉴真像。供图/视觉中国

↑ 2012年黄泗浦遗址东区发掘现场。图中中部偏左的两个并排圆圈为唐代双口灶遗址Z7。灶台上方是唐代长排型房址F18，坐北朝南，东西成排，至少由五间房及南侧回廊组成。摄影/张晓明

↓ 黄泗浦遗址发掘现场局部，沉睡的江海巨港正被唤起。摄影/张晓明

的伦理取向……这些物件显示了一个个生活细节，再由点串连成线，通过众多线索便将一幅繁忙古港的场景图愈发细致地勾勒出来。

根据对黄泗浦遗址考古地层的分析研究，生态环境改变在土壤中留下的痕迹也讲述着这里人口规模的变迁过程。在遗址区域，距今地表以下240～300厘米为唐早期地层，土壤中包含的植被及微生物遗存显示，该时期周围环境还十分接近于原生状态：由常绿阔叶林与落叶阔叶林混交分布，植被覆盖率高，湿生植物花粉显示这一带多为沼泽或水网湿地；距地表以下125～240厘米为人口空前增长的唐中晚期地层，该时期黄泗浦地区的木本植物数量减少明显。水土流失会导致河流沉积速度加快，最终淤塞河道，因此，对黄泗浦的疏浚成为后世保持港口繁华的必要手段。

黄泗浦的"黄金时代"

《吴郡志》载，北宋宣和元年（1119），两浙提举赵霖主持兴修水利，疏浚了"一江、一港、四浦、五十八渎"，黄泗浦便是"四浦"之一。清初《读史方舆纪要》也提到黄泗浦"宋时为滨江大浦。绍兴末，屡议修浚"。疏浚后的黄泗浦北通长江，南至太湖，"长七十里有畸，面阔八丈，底阔四丈八尺，深七尺，通役十二万六千九百余工"。迄今为止文献记载和考古发现中体量最大的南宋海上商船——"南海一号"，以它的船体及排量也能轻松通行于黄泗浦河道。宋代的商品经济、货运贸易较之前朝更为发达，黄泗浦迎来了它繁荣的黄金时代。

作为重要港口，黄泗浦周边必然有供给人力与物资的市镇聚落作为依托。宋元时期编修的《重修琴川志》中有一幅完整描绘周边水文的"乡村之图"，在黄泗浦浦口旁醒目地标注着一个地点——庆安镇。清初史学家钱陆灿撰修的《常熟县志》卷五《市镇》中，庆安镇的名字赫然列在第一条，书中记载："庆安镇，去县西北八十里，在南沙乡，滨江，旧名石闼市，宋元丰间改为镇，旧有石门，今废。""市"是固定的贸易集市，而"闼"是"门"的意思，指的是前人为拦截江海大潮而修建的石质水闸。庆安镇正是从一个濒临江海的贸易集市最终发展而来。

庆安镇西，就是当年容留鉴真及弟子们生活半月之久的尊胜禅院。唐武宗时期，在"会昌法难"的崇道灭佛中，尊胜禅院大部分庙房被拆除，几成废墟一片；宣宗即位后匡扶佛教，诏令天下恢复精舍，大中初年禅院得到复兴修缮，后周时期又添建佛殿……乱世之中几经兴废，直到宋真宗咸平六年（1003）由当地士绅募捐重建寺院建筑，五年后重新命名为净居禅院。现代考古工作者也的确在遗址中发现了众多带有文字的宋代砖构件，上有"祝延皇帝……释迦如来……民舍钱施……"以及"阿弥陀佛""释""国泰民安"等字样，仿佛让人看见宋时此处的鼎盛香火。

黄泗浦遗址的核心是黄泗浦河道，在对河道进行钻探时，考古工作者发现在古河床底部有硬土层的存在，探铲无论如何都无法

黄泗浦遗址出土四系罐。这是魏晋至唐代青瓷中常见的一种器型,直口、丰肩、鼓腹、平底,肩部有耳,耳由两根泥条捏成或削成桥形。
摄影 / 张晓明

穿透,这显然不是泥沙自然堆积形成的土壤状态。考古工作者随后对古河道所在的位置全面揭露,在清理到宋代文化层时,存疑已久的硬土层终于出现了。人们看到了一块平整、经过夯实的河床,而让人惊讶的是,河床之上横卧着十一根带着基槽的粗壮圆木。通过对圆木布局的研究和结构的还原,一座栈架式木桥重现在人们眼前——这是中国考古史上首次发现宋代的栈架式结构。要在一条达到 50 米宽的河流上架起这样一座木桥,首先就要将河道进行截流,并抽干河水,这对于 800 年前的宋代先民来说是一项巨大的工程,让他们不惜工本的原因正是往来两岸繁忙的生活需求。

沧海桑田,换了人间

黄泗浦"江尾海头"的地理位置重要性自古有之,不仅在于客货运输的天然良港,

黄泗浦遗址出土部分文物：图1唐酱釉猴塑，图2宋青釉仰莲纹碗，图3唐代海兽葡萄纹镜，图4宋影青执壶。这些精美文物体现了唐宋时期黄泗浦港口贸易的繁盛。供图/张家港市博物馆

更在扼守水路关隘的地位。明代中期，震荡朝堂的倭寇之患自然也危及到了直面外海的黄泗浦地区。嘉靖三十四年（1555），倭寇在此附近行动猖獗，虽然最后得巡检司"官军扼而歼之"，但那座曾经陪伴鉴真东渡前最后一程的千年古刹——尊胜禅院，却在这场骚乱中连同整个庆安古镇被付之一炬。

巡检司是明清时期重要的县级以下基层治安机构，多驻守于水陆要道及重要市镇。《读史方舆纪要》卷二十四《南直六》有言："黄泗浦，县西北八十里。西南通江阴县境，北入扬子江……明设黄泗浦巡司于此，北对通州境，为控御之所。"近代《重修常昭合志》中也记载黄泗浦"北入扬子江，设巡检司守其要害"，"巡检司设巡检一员，弓兵一百名，还设置多座烽火墩"。

黄泗浦巡检司最初设于黄泗浦港西墩，明万历以后由于黄泗浦港逐渐淤浅，迁驻至临近市镇。考古人员也在进一步发掘中证实

↑ 鉴真主持营造的日本唐招提寺与黄泗浦尊胜禅院有几分相似。可以确信的是，隔海相望的两座寺院建筑骨子里流淌着的是一脉相承的唐文化基因。
供图 / Wikipedia

↓ 张家港东渡苑内，日本友人在鉴真东渡纪念馆祭拜鉴真和尚。摄影 / 王庭槐

了明代官署性质院落的存在：紧邻着宋代河道的淤塞堆积，一条由青砖铺就的宽阔大路从明代地层中显现出来，道路尽头正衔接着一个规整院落。虽然院落内部还未得到发掘，但从已知的情况来看，这也绝非普通民宅所用的建材与形制，结合文献内容记载的建筑用途和所在地点推断，这处遗迹极有可能就是明代巡检司的所在。

今日踏足黄泗浦遗址，村民们一如平常在紧邻国家重点文物保护遗址的田地间耕种着粮食蔬果，周围保持着遗址发掘之前的田园风貌，地面唯一可见的古代遗迹就是位于遗址东区的清代方桥。方桥高3.8米，桥墩内侧距约5米，桥面由花岗岩石梁搭建而成，两侧均刻有"重建方桥"的铭文，表明清乾隆二十六年（1761）十月重建。就是这样一座造型简单、体量小巧的石桥，在水乡江南几乎随处可见，毫不引人注目。但随着方桥周边考古勘探工作的渐进，在东、西桥堍外侧分别发现了两处方形的明代桥墩，据测量，两处桥墩的内侧距达24米。

由此，由唐至宋元再到明清以后，黄泗浦河的变化趋势便显现出来：唐代浦口宽达90米，河道在寺院附近拐了个弯，流经状况更接近于自然形态；宋代以后河流截弯取直，经过疏浚、拓宽后的水道超过了50米宽；明代的黄泗浦缩窄至24米左右，仍可供船只通行；到了清代，河流位置虽未改变，但疏于管理的河道淤塞严重，仅5米多宽的水面已难于舶运。

从2008—2019年，黄泗浦遗址先后进行了七次考古发掘，探明的遗址面积达120万平方米，已发掘面积约8200平方米，出土器物、标本约6570件（套），跨越了从南朝至明清的各个时期。值得注意的是，在黄泗浦周围5千米范围内还先后发现距今4000至5000年的徐家湾遗址、许庄遗址和蔡墩遗址，另有多座汉代至南朝时期的古墓葬，出土了精美的玉器与高等级青铜器。可以见得，黄泗浦港的兴起并非偶然，而是张家港先民在水陆之间与自然长期沟通和探索中的定然，至于其最终返璞于农田阡陌，也是人地关系进程的合力使然。

沉舟侧畔，千帆竞过。如今，就在黄泗浦遗址河道上游，黄泗浦生态公园通过梳理河塘、退耕还林还水恢复了完整的水系生态，以4.7平方千米的"城市绿肺"还原人地共生的和谐方式；在尊胜禅院遗址向东北两千米处，一座为纪念鉴真而兴建的东渡寺面向大和尚远去的方向，继续佑护着一方安宁；在十几千米外现在的长江南岸，年吞吐量近3亿吨的张家港港正以一种新兴的蓬勃姿态，续写着1200多年前黄泗浦古港的不朽传说。

黄泗浦遗址不远处，绿树掩映下的东渡寺，建筑形式模仿唐代风格，依稀可以回想东渡前鉴真在故国停留的最后岁月。摄影/蔡春林

流动的恬庄

撰文
楼学

摄影
张律堂 等

千年奚浦

在张家港的南部流传着一句古老的民谚，"先有河阳城，后有常熟城"。据钱陆灿的考证，河阳山因位于当时的黄泗浦港之北而得名。小小的河阳山筑城的历史能上溯至吴王寿梦在位时（前585—前561），的确足以与江南名城常熟并称。

河阳山一带是今日张家港市域内最早成陆的地区之一，因为临近当时的江岸，连江通海，市镇的规模一度非常可观。但恬庄的历史仅可上溯至明洪武三年（1370），彼时明王朝刚刚建立，原来在河阳里一带的市集在战乱中焚毁，人们便迁移到了不远处的田庄——奚浦塘由此北通长江，得江河运输之便。所谓"田庄"，即为收取田租之意。

奚浦冠名了田庄的第一个大家族：奚浦钱氏。早在混乱的元末，钱氏便是招集乡勇御盗的一方枭雄，因此成为田庄最早的开拓者。根据历史地理学者谢湜的考证，钱氏在入明之后分为了禄园、奚浦两支，禄园钱氏通过商业活动致富，而奚浦钱氏的钱友义则担任粮长。在地方设立的粮长是征收税粮的负责人，通常从纳粮大户中公推，这一设置是明代田赋制度的重要部分。

奚浦钱氏家族后来靠着经营圩田致富，开设了这一地区的奚浦市、田庄市。至成化、正德年间，奚浦的钱氏家族继续经营农田水利，"筑梁、濬河、凿池、开市，凡所义举争为之先"，成为地方上名声显赫的望族之一。

谢湜提到，从明前期的永充粮长制到成化、弘治时期的商业发展，均成为世袭粮长拓展家业的重要契机，而奚浦钱氏的兴盛正是明代江南的缩影。粮长家族通过创建市镇、兴修水利、投资房产、赈灾输粟等完成了资产和名望上的积累。经过数百年的积淀，奚浦钱氏的后人在明末时声震一方——文坛领袖、东林党人钱谦益正是从这个家族中走出，引领一时的文坛风尚，亦被陈寅恪认为是"复国之英雄"。

田庄早期的发展路径，更适合在江南的语境中进行解读。20世纪60年代，史学家傅衣凌注意到明朝中后期的江南已经"触目皆是"大族所创的市镇，以钱氏为主姓的田庄即是其中之一。他将江南市镇的发展与资

明清时期是江南市镇的鼎盛时代，触目皆是大族所创的市镇，位于张家港凤凰镇的恬庄即是其中之一。

流淌千年的奚浦塘,使恬庄仍然保留着大多数人想象中经典的江南水乡古镇风光。以河为路,奚浦塘将恬庄与苏州、松江、杭州等经济中心与河网体系中无数市镇相连。摄影 / 潘建英

↑ 今天的恬庄古街主要分南北两条，成直角形。北街是江南水乡极具代表性的石板路，长280余米，由四百多块石板铺成。

↓ 玉带河环绕着今天的恬庄，无论是慕名而来的游客还是周边的居民都愿意来到河边的长廊休憩，吹吹河风。

本主义的萌芽联系起来，使之成为一个更宏大话题的入口。

而今天，奚浦塘仍在恬庄一侧静静流淌，使之仍然保留着大多数人想象中经典的江南水乡古镇风光。存留至今的河街并行格局隐藏着古镇最初选址的地理密码，也是后来各大家族寻求延续乡村权势的主要舞台。尽管奚浦钱氏最终退出了田庄，但修桥铺路、疏浚河塘历来是中国乡村中关于"功德"的朴素理解，由农耕而商贸、由耕读而科举，后来的其他家族也因循了类似的路径。

流淌千年的奚浦塘，将恬庄接入了江南市镇体系的框架，它如同一个巨大的放射网，以苏州、松江、杭州等府城为核心，一级级扩张到县城，再以此为节点放射至无数市镇。以河为路，恬庄的故事由此展开。

乡村治理的实践

如今，来到恬庄的旅行者都会注意到古镇内最醒目的两处建筑——杨氏孝坊与榜眼府，康熙九年（1670），青浦人杨德贤因为洪灾漂泊至田庄，由此成了恬庄杨氏的始祖。后来的杨氏取代了钱氏，成为探讨恬庄历史时最重要的氏族，古镇的格局基本也是在杨氏家族兴盛的时期塑造的。

恬庄杨氏的第四世杨岱是远近闻名的孝子，他年少时有志于科举，但因为父亲患病，便从此为了父亲而放弃科举，日日问病喂药，苦读医书，陪在病榻前八年，在传统的儒家社会中，杨岱的事迹感动了乡里，为他赢得了极大的声誉。从家谱来看，杨岱原本不过是迁虞四世中的"小房"，但他凭借自己的胆识和品性，成了恬庄杨氏的代表人物，被认为是恬庄杨氏的奠基人。

杨岱修建了崭新的家祠，并定下了巨细靡遗的规条共二十五条，其中大多数都是祭祀祖先的注意事项，规则详尽，但也非常考虑实际，如对于远在青浦的祖坟，仅要求托表亲代为办祭，只在每年春祭时派三四名族人前往扫墓。

家祠构建出精神维度上的家园地标，但在实际生活中仍缺乏基本的保障。"家祠建而义庄未兴，先人美志尚其未竟乎"。在母亲八十寿辰时，杨岱精心选出家中的1012亩良田，设立了杨氏义田，以田中所产来赡养族人；为了让族人有念书的地方，他在城隍庙隔壁着手设立义塾；为了免除贫病族人的后顾之忧，他又置办了家族墓地，专门安葬那些无力承担安葬费用或没有后人的孤寡老人。以义田、义塾、义冢等为核心设立的杨氏义庄，成为与家祠并立的重要工程，解决了家族发展延续的物质保障问题。

在张家港市博物馆所保存的《田庄杨氏义庄碑记》中，开篇便写到了曾疏浚过门前奚浦的范仲淹，"义庄之建，肇始于宋范文正公……窃谓有宋至今，世家巨族不知凡几，谁无敦本睦族之思？"

北宋皇祐元年（1049），范仲淹在家乡苏州设立范氏义庄，成为家族开设义庄之先河。两宋经历了唐末五代的战乱，原有的社会秩序混乱，宗族结构亦分崩离析。范仲淹设立义庄，正是他"先天下之忧而忧，后天下之乐而乐"的政治精神写照，将义学、义田、庄祠等不同的功能集合在义庄之内，

清代初期孝子杨岱是榜眼府的第一任主人。杨岱的曾孙杨泗孙曾考中榜眼，后退居乡里，门前立有四根旗杆，因此这里又被当地人称作"旗杆里"。
摄影 / 周军

使其成为联系宗族、重建基层社会秩序的稳定支撑。

义庄制度经历了元明时期的沉寂与停滞，最终在清代迎来了巨大的发展。清朝鼓励士绅大族捐建义庄，对突出者予以奖励提拔。至乾隆时期，对义庄的保护进而上升到法律的高度，禁止义田买卖，如遇"不肖子孙私行盗卖，富室强宗谋吞受买，许即执帖首告，按例惩治"。义庄的稳定性大大增加，成为各大宗族保障家族利益的有效途径。

身处义庄制度起源地的苏州，杨氏义庄正是这一复兴背景下的重要代表。乾隆五十三年（1788）的冬天，杨岱亲自审定了二十五条管理义庄的规条，使族人中那些年迈、残疾、孤寡的弱势群体都得到了基本保障。苏州状元潘世恩曾为杨氏写作《虞山杨氏读书田记》，亦以范仲淹比之。

"敦本睦族"是杨岱一生的真实写照，保存至今的敦本堂正是这一家族精神的纪念地。敦厚、实干的杨岱几乎以一己之力改变了家族地位，其善行也传至京师。正是在修建义庄的这一年，乾隆皇帝亲笔御书"乐善

榜眼府是一座典型的清代官邸建筑，整体为硬山式砖木结构，共有五楹五进。进入后花园，可以看到一处精巧玲珑的江南园林。摄影：杨海平（图1、2、3），许海斌（图4）

好施"，拨银为杨氏家族修建乐善好施坊。"御坊清晖"曾经名列田庄八景——这无疑是杨岱一生的高光时刻。

从田庄到恬庄

在杨岱时期，随着家祠、义庄的相继建设和农耕、科举的进步发展，昔日的"田庄"已经成为恬憩之地，因此也被称为"恬庄"或"恬养庄"。这一地名雅化的过程不仅蕴含了筚路蓝缕的地域开发历史，在更雅致的地名背后，也暗示了一种更高的发展追求。

杨岱未能完成的科举理想很快在其子杨景仁身上获得了实现。乾隆四十九年（1784），杨景仁以"风神俊逸""诗句卓绝"考中秀才第一名，14年后再中顺天府举人，成为杨氏这一时期科举功名的代表人物。

杨岱的身体力行无疑影响深远。杨景仁同样以孝治家，尽管后来在京为官三十载，当他有机会重返故里时，头一件事便是为父亲建立专祠。他将嘉庆年间所建的孝子坊与专祠合并,建立了杨氏孝坊,这与杨岱所建立的南宅、中宅(即今榜眼府)并列为"杨氏宅第",在2013年列入全国重点文物保护单位,成为张家港唯一的古建类"国保"。

在耕读传家、科举功名这一主流的发展路径上,恬庄杨氏走得越加顺畅。咸丰二年(1852),杨氏七世的杨泗孙考中榜眼,成为这座小镇科举史上的又一座高峰。杨岱修建的中宅也在这一时期树立起作为功名标志的旗杆,在此后的百余年间,"旗杆里"始终是本地人称呼这座宅第的名字。

在恬庄的极盛时期,这里建有关帝庙、城隍庙、三元宫等十余座寺院宫观,又有典当铺、银楼、布庄、染坊等大商号。时人所谓"金顾山、银恬庄",哪怕在以富裕繁华闻名的江南,恬庄也已经收获了不低的赞誉。其保留至今的石板古街长达280米,皆以花岗石大石板铺设,是苏州的水乡古镇中不多见的景观。

杨氏仍然是导游词、讲解牌上不可忽略的家族,但在现实中却有着醒目的断层。早在杨氏六世的杨希铨时,就已有杨氏族人离开恬庄,迁居常熟。常熟无疑是更重要的文化中心,家族与城市互相成就,杨氏亦逐渐成为常熟的大姓。在常熟民谚中,就有"翁庞杨季是豪门,归言屈蒋有名声"一说。从康熙年间迁徙至恬庄,在几代人之内便跻身常熟的四大豪门家族之一,杨氏的发展不可谓不迅猛。

正如流动的奚浦塘一样,人的流动是恬庄历史中迷人的侧面。在恬庄杨氏九世孙杨以埁的回忆中,他的父亲杨同禄正是杨氏基业的最后一位管理者。杨氏义庄自1788年成立,至民国时期终于迎来其尾声。事实上,杨同禄大多数时间都生活在常熟城内,经营着城里的乾泰恒绸缎庄,每年仅有三四个月在恬庄处理家族事务。杨氏的迁徙仍在继续——地方学者吕大安告诉我,如今的杨氏后人多已迁居常熟或上海,在恬庄本地已经所剩不多。杨以埁后来也去了上海工作、定居,在他的回忆录中,先祖杨岱敦本睦族的精神始终鼓舞、激励着他。

古镇本身也如同历史河流中的一叶扁舟。1976年,因拓直奚浦塘,恬庄的数条古街均被拆除,昔日巨大的集镇最终退缩为一条两百余米长的老街,杨氏遗留下的几处古建几乎是恬庄的全部"家当"。沿街开设的小吃店、饭馆中往来的多是外地游客,人们到访此地,只瞥见一个凋谢后又艰难复兴的水乡景区,便又匆匆离去。

在杨以埁曾经玩耍过的古镇桥头,一家崭新的文创纪念品商店在老宅中开业,一对名为"河阳河恬"的卡通形象成为游客合影的吉祥物。"河阳"取自孕育文明的河阳山,"河恬"则是临河古镇恬庄的化身。从河阳山到奚浦塘,从"田庄"到"恬庄",是江南区域经济、社会、人文发展历程的缩影。

古街与古宅守护着栢庄，兴旺、衰落又重生，如绿竹长青。正是因为这些遗迹的存在，历史的大门才不会被完全锁住。

河阳山歌：
传唱千年，因天性而歌

撰文
詹忆梦

想听河阳山歌么？可以选择通过录音制作而成的河阳山歌，或者到河阳山歌馆听一曲山歌歌手的现场表演，但无论是哪一种，都不如翻开一部厚厚的《河阳山歌集》来得丰富精彩。

孔子曾经将《诗经》总结为"思无邪"，这一评价用在河阳山歌上也一样准确。包括河阳山歌在内的吴地民歌到底起源于什么时候已经不清楚了，历史学家顾颉刚的判断是：不会比《诗经》更迟。

对于河阳山地区的人来说，山歌是渗透在他们生活里一系列公开的谜语。当这些交织着日常生活的山歌被编纂成册，被束之博物馆的高阁后，人们不得不考虑一个问题：不再被集体演唱的河阳山歌将如何与当下相遇？答案令人欣慰和欣喜，河阳山歌不只是过去世界的创造，人们的情感与生活的描绘并未被锁在山歌中，而是反馈给当下生活着的人们以浪漫和自由。

河阳山歌
人因天性歌唱

20世纪20年代，中国第一个民间文学刊物《歌谣周刊》创刊，编辑周作人在发刊词中以前所未有的严肃提出要收集歌谣，一场歌谣运动在知识分子之间轰轰烈烈地展开。

当时正就读于北京大学的顾颉刚，为了照顾病中的妻子回到苏州老家，注意到了家乡的吴歌，他决定加以搜集整理，"把这种怡情适性的东西来伴我的寂寞"。收集的过程很简单，先是家里的孩子、邻居家的孩子，再到老妈子、祖母……收集的人越来越多，也渐渐出了名。

顾颉刚在苏州收集的吴歌，即吴歈，因其鲜明的吴地演唱方式，也有"吴声""山歌"之类的称呼。这里的"山歌"，大概跟山没什么关系，而是吴人的自称，叶盛《水东日记》记载，"吴人耕作或舟行之劳，多讴歌以自遣，名唱山歌"。1926年，顾颉刚编著的《吴歌甲集》出版，胡适说他读到这些歌谣时，"口口声声都仿佛看见苏州小孩子的伶俐、活泼、柔软和俏皮的神气"。

在当时的社会环境中，吴歌被看作是社会底层人民平时哼唱的乡野小调，谈不上多少文化艺术性，其直接赤裸的内容更为时人所不接受。当时有许多教授和学生叹息，北大是最高学府，怎么能让这种不入流品的东西来玷污它！

吴歌的往事暂时搁在一旁，在河阳山歌馆，原馆长虞永良也开口讲起了一段颇为类似的境遇。

河阳山歌是吴歌的支脉，河阳山即今天的凤凰山，古时是吴地通江入海的要道。这里山清水秀，处于江南水乡的农耕文化圈内，保留着唱山歌的风俗。20世纪60年代，虞永良毕业回乡，开始收集家乡的山歌。首先是佚散在当地人家中的旧抄本，虞永良收集了《荒年山歌》《天门阵》等三十多部。其间受到政治运动的影响，一些涉及私情的篇目被禁，好不容易收集到的山歌抄本也被付之一炬。这当然不是外力对河阳山歌的第一次禁毁。历史上，关于这些山歌"不登大雅之堂"的偏见从未断绝，歌谣中对于私密情感的描绘更被视作一种禁忌。

以今天的眼光来看，恰是这些不见容于主流叙事的歌谣，折射出中国人心中隐秘而又绮丽的情感世界。正因为如此，就算没有抄本，还有不少人可以通过默写、诵读的方式将记忆中的山歌还原出来。这些山歌内容多样，有生活歌、劳动歌、风物歌、儿歌等，从形式上划分，又有开场歌、对歌、大山歌、长山歌等。

在虞永良等人的努力下，2002年时已寻回长短各异、题材不一的山歌1146首。四年后，皇皇110万字的《河阳山歌集》出版，一个古老的山歌体系随之浮出水面。翻看书中一篇篇山歌，仿佛置身水汽氤氲的河网之中，歌声以结绳记事的方式飘散在温暖的土地上，引领我们顺流而下，追寻那群勤劳可爱的人们的梦。

江南吴地
谱写芸芸众生的历史

山歌是历史的眼睛，河阳山歌里最古老的《斫竹歌》是这么唱的："嗯唷斫竹，嗬哟嗨！嗯唷削竹，嗬哟嗨！嗯唷弹石、飞土，嗬哟嗨！嗯唷逐肉，嗬哟嗨！"这首山歌描述了古代河阳人民削竹为箭、围追野兽的劳动场面。简单的歌词，明快的旋律，同东汉《吴越春秋·勾践阴谋外传》中所录《弹歌》十分相似，直接将河阳山歌的历史坐标定位到了春秋以前的远古时代。

80年代末，从上了年纪的山歌手张元元口中，虞永良终于听到了完整的《斫竹歌》，并将它记录在案。今人早已超越了刀耕火种、行围采猎的生产方式，而劳动的精神没有改变。《斫竹歌》还会在劳动者口中唱起，用于搬移重物、挑抬农具的劳动场景中。

稻田是河阳山歌重要的演唱空间。早在七千多年前，这里的先民就已进入了以稻作生产为主的原始农耕社会，在没有机械化生产设备、生产技术相对落后的时代，水稻生产的劳动强度大，于是农人面朝水田，背脊朝天，唱着《莳秧歌》，"莳秧要唱莳秧

山歌歌手、河阳山歌省级传承人尹丽芬与市级传承人陈社珍在恬庄景区为游客们演唱河阳山歌，正是因为这些民间歌者的传唱，才使这一古老艺术流传至今。摄影/张律堂

歌，两膀弯弯泥里拖……"，又或者是《踏水车》，"梅雨勿来踏水车，大男小女喳喳语"，山歌一唱，就来了劲儿。广袤的稻田中劳动者的身影是一个个孤立的个体，此起彼伏的歌声则将他们串联成一个共同感受辛劳与汗水、共同期望收获喜悦的小世界，让人们充满热情地投入生活。

水面是另一个渺茫和未知的世界。地处长江下游三角洲的河阳地区，河流纵横，是典型的水乡泽国，人们因水而活动，摇船、捕鱼、拉纤，船是不可或缺的工具。在河面上日夜穿梭的舟船上，渔人独白面对着水面，在茫茫的水天一色中，所能掌握的唯有划桨摇橹声的节奏，《摇船歌》一律以"摇一橹来吊一绷"作为开场，描述"隔河两岸好花香"，渴望着"船板敲得咚咚响，大鱼小虾一网张"。就这样，种田有种田歌，渔民有捉鱼歌，造房有上梁歌，打夯有打夯歌，秋天唱《打场》，冬天唱《冬猎》，只要有劳动，就会有歌声。

乡间生活的一切都在对山歌的狂欢中得到了宣泄与释放。每当春和景明时，人们倾村而出，在桃林、水边相会对歌。"两河两岸摆起对歌场，说说唱唱白相相"，对歌能从日出对到黄昏，既有娱乐性也有竞争性，歌中包含着各种谜语比方，唱历史、对花名，不分出个高低上下，不到尽兴，就不散场。哪一方对不上歌了便算输，回去再学新曲，下次相约。

对歌有公开性质，歌唱者不限本村，也可以有路人加入围观。对歌的地点也多样，河阳山地区留下了不少千年对歌场，有在水畔的"吴下浜""皇泾塘"，也有坊桥的"大航桥""下街坊"，还有专门搭建用来对歌的"唤英台"，这些地名标记着乡村社会里一场场歌谣狂欢，抖落出河阳人生活的丰富内涵。

山歌叙事
保存隐秘的情感世界

相比起吴歌的几大分支，河阳山歌被关注的时间并不太久。江苏省从20世纪50年代就开始了常熟白茆山歌的搜集与整理，又在80年代集中整理发掘吴江的芦墟山歌，90年代，当人们将注意力投到张家港河阳山歌时，便发现了另一座古老的山歌宝藏。历史上的大事件，都以山歌的形式在河阳山人的口中留下了印记，叙述的角度与正史互相补充，按照刘复的说法，这是"最真实扼要的材料"，是民族生活的真相。

相对封闭的地理条件既是限制也是保护，河阳山山水相融、河塘池泾交错的水乡环境，使当地人的经济生活安稳，活动范围也相对固定，对于既强调地域方言又注重音乐性的山歌来说，是一片适宜传唱的土地。以河阳山为中心，向外辐射一二十千米，便是河阳山歌的传唱范围。

歌声也是心声，河阳山歌中有一系列以"结识私情隔条河"为开头的私情主题歌谣，这些歌唱江南小儿女的情爱歌谣也是吴歌的一大特色。人们用歌声创造了一个纯净的世界，陷入爱情的男女，有时热烈地憧憬，有时忧惧、恐慌情感的脆弱易逝，有时则大胆表露内心的渴望；爱上的人可以是摇船的船

2010年,河阳山歌馆建成,除了图文并茂的系统展示,更有实景山歌的表演,让听众仿佛置身乡间对歌场。
摄影 / 肖顺清

夫,也可以是巷子中的裁缝,人们相信情感可以跨越阶级身份的限制,成全彼此——即便私情的结尾往往并不如意,但歌谣已经融入了人们最真诚的情感。

被称作山歌"红楼梦"的长篇叙事山歌《赵圣关还魂》,讲述的是一对才子佳人赵圣关与林六娘的爱情。两人的爱情故事在江浙沪一带以不同的形式传唱,篇幅有长有短,结局往往以两人的死亡、殉情或是出家告终,充满悲剧色彩。虞永良从一位山歌歌手家中找到了河阳山地区的抄本,长达6476行的歌词以完整的结构、丰富的情节,为赵圣关故事添加了诸多细节。河阳山人还赋予了故事一个美好的结局——赵圣关和林六娘最终喜结连理。故事里二人因私情产生羁绊,又因为门第之差而经历磨难,情动天地,终于死而复生,迎来团圆结局。在一咏三叹的歌唱中,爱情可以沟通身体和心灵,也能够上天入地。

"情不知所起,一往而深,生者可以死,

《河阳山歌集》收录了长短各异、题材不一的山歌1019首,虞永良贡献甚巨。如今,这些山歌还在它的发源地活态地传唱着。摄影/蔡春林(图1、3),谢卫东(图2)

死可以生",《牡丹亭》的道白也是《赵圣关还魂》的最好注解,爱欲是可以与生死并置的大事,生活尽管荒唐,这些痴男怨女的身上却体现着生而为人的种种勇气与胆识,只有爱能够带领着人成为更完整的个体,让成为自我的渴望得以实现,这是中国民间故事里一脉相承的浪漫主义。爱情不仅仅是柏拉图式,更是一种灵肉结合的爱恋。

山歌的创作性也在于此,一个故事经过传唱和抄录,可以衍生出不同的叙事。在叙事山歌中,可供人发挥的间隙无处不在,在粗略框架的牵引下,每个传唱者都可以唱出自己的故事。在随时随地的变化、生长过程中,只要符合韵脚就能形成山歌。

山歌作为一种群体创作的口头音乐,它的保存与发展,靠的是文脉传承。虞永良说起,过去的河阳山地区活跃着大量私塾先生、道士、讲经先生、风水先生和民间艺人,他们成为山歌抄本的执笔者,也为山歌带来了创作力。

时曲新调
与当代重新相遇

河阳山歌手骆小妹平时就住在公寓。在我们回家的一路上,她不断地跟每一个熟悉的邻居打招呼。搬入新小区不过一年,她与这些邻居处得很好。她的家里保存着一些纸质不同、大小不一的纸片,字迹有的凌乱、有的工整,这些都是在她唱山歌的时候,请爱人誊录下来的歌词。一张张纸翻过去,都是骆小妹生动鲜活的家庭记忆。

骆小妹生长在一个典型的男主外女主内的家庭,平时跟着母亲在家绣花做活、料理家事,父亲就外出劳作。父亲做事的时候,总会开口唱歌,声音浑厚低沉。骆小妹的嗓音特点和她父亲相近,略带沙哑,唱起情歌别有风味。她为我演唱《十别郎》,这首凄凉的送别歌曾经在母亲的口中唱出,令周围的女眷听得痴迷。整个演唱的过程,就在骆小妹回忆母亲的动作、歌唱细节之中进行,尽管生活已经发生了很大变化,歌谣的演唱却像一条坚固的缎带,帮助人们留住了原生情感,保存了童年的家庭记忆与乡村生活。也许这便是河阳山人能不间断地演唱、记忆这些歌谣的原因。

河阳山地区,乃至整个张家港的前进速度太快了。对于传承了几千年的河阳山歌来说,半个世纪只是短短的一瞬,而对于歌者来说,却足以改变一个群体的生活习惯。以农耕为环境的山歌,在日常劳作中体现着顺应自然活动的和谐关系,于是情感随之产生,爱情与欲望随之萌芽,并且在乡村起到了维系群体情感的作用。随着都市化进程加快,劳作场景逐渐变化,唱山歌的环境产生了偏差。飞速发展的城市裹挟着人们奋力奔跑,当河阳山歌不再被大面积传唱后,它将会以什么样的面貌再度进入人们的生活?

社会的变迁是不留情的,却也有人逆流而上。散落在各个抄本与口耳相传中的山歌拼图,在虞永良等人的努力下,被一片片寻回,最终在2010年建成的河阳山歌馆被展示出来。山歌馆里不仅展示了河阳山歌在各个历史时期的篇目和题材,一条宛如游蛇的白色长卷被悬挂在各展厅与走廊的屋顶,上面呈现的正是长篇山歌《赵圣关还魂》的完整歌词。游人只要抬头,就能看到这一缠绵悱恻的故事——几经沉浮的经典山歌,终于可以以完整的面貌被人阅读、传诵。

《赵圣关还魂》的故事还没有结束。在一次偶然的机会中,河阳山歌省级传承人、山歌歌手尹丽芬为锡剧演员董红唱了一段河阳山歌,歌声婉转美妙,一下子就打动了董红。后来,一部以河阳山歌《赵圣关还魂》为原型的锡剧《一盅缘》登上了舞台,在这部剧中,董红一开场就唱了一段取自河阳山歌的唱词,"结识私情么隔条河……"

没有一个时代的人不渴望被尊重、被爱。这些生动真挚的歌谣,经过提取与转译,面向当代的观众,提供故事上的可读可观性,同时也展示出穿越时间的爱情的魅力,或许这就是它给这个时代的启迪。

河阳山歌馆背靠河阳山（凤凰山），小桥流水，亭台楼阁，由著名的"香山帮"匠人设计营造，古典风韵可与苏州园林相媲美。在这里听山歌，别有风味。摄影/马硕

地道风物

"团结拼搏、负重奋进、自加压力、敢于争先"16字城市精神是张家港人最为宝贵的精神财富。沿江而上,现代农业示范区、国际化港口、慢岛生活的双山,多样化的沿江景观映射出各个时代港城人笑傲江海、拼搏奋进的身影。

长江岸线,江潮与人潮
沙上人家,笑傲江海
张家港的守艺人:故乡步履不停,用手记录美丽光阴
永联村:让农民在农村,创造现代新社会
张家港精神,是发展引擎也是人文底色

长江岸线，江潮与人潮

撰文
楼学

供图
双山岛理想村 等

从昔日"沙洲"到今日"张家港"，这座城市的姓名中始终有着氤氲不散的水汽。江海交汇处的岸线塑造了此地的历史人文，亦将地理的影响力投射至现实的风貌之中。岸线的变迁不仅展现出土地与江水的"流动性"，同样反映出在长江的影响下，人地关系曾发生了怎样的变迁。

从常阴沙沿江而上直达双山岛的旅程，正是张家港人文精神与历史脉络的缩影——沧海桑田的水陆变迁带来文明发展的嘹亮初啼，在崧泽人凿开文明火光之后的数千年，"张家港"之名经历了漫长的蛰伏，才终于从江阴、常熟的名城光环下脱颖而出，以一片曾经寂寞的沙洲，承载起充满生机的现代城市。江尾海头，是张家港人最常提及的地理要素，正是在这片大江大海之间的岸线上，江潮日夜起落，人潮聚散有时。

常阴沙，农民与农场

在张家港市的东面，有一片面貌与风格上都很不"张家港"的土地——这片叫作常阴沙的农场在三百年前还是一片辽阔的江面。类似的水陆变迁在张家港并不罕见，但常阴沙的特殊性在于其保留了"前张家港"时代的独特面貌。

常阴沙之名，本身即写满了边界的属性。在《常昭合志》中记载，"道光时，江心突涨，江常画界，先后筑圩，故名常阴沙"。可知在百余年前，当这片江心中的沙洲初为人所注意时，即以其在常熟、江阴的交界处，而从两地各取一字命名为常阴沙。

对常阴沙乃至整个张家港而言，长江始终是塑造人地关系的核心力量。地处两地交界，又历来为洪涝所害——在内陆地区早已完成了水利建设的苏南，这片江心沙洲只是人口溢出时不得已的去处，其命运也总随着江水涨落而沉浮。

1949年7月24日，刚刚解放不久的苏南遭遇台风，加之长江潮汛，受灾尤为惨重。常阴沙上开垦出的十只小圩全部被淹，而人民政府派出的救援军队意外成就了这片土地。前来赈灾的解放军与当地百姓合作，最终修复江堤、建立农场，常阴沙成规模的围圩造田自此拉开序幕。

圩田是江南极为常见的农业景观。其典型特征在于：外有高出地表的圩堤，作为分隔内外水系、阻挡洪涝的堤坝；内有勾连纵横的渠塘，为圩田灌溉提供必要的水源；在内外水系交汇之处另设有闸堰，成为调节水利的必要设施。

从两千余年前的吴越时期至今，水利建设始终是江南崛起的财富密码，要想厘清人与土地的关系，其首要步骤正是厘清人与水的关系。常阴沙是江南开发史的现代延续——向长江要土地，成为常阴沙的发展路径。

然而，"此消彼长"是长江岸线的重要特征：张家港的西北江岸上，有不少地区受到长江的冲刷，成为地陷岸塌的"坍江地区"，而当长江抵达常阴沙附近时，江面宽阔、水流减缓，常阴沙所在地曾是一处夹江淤塞后形成的江湾，随着泥沙的继续沉积，逐渐进化为新的陆地。

因此，大多数常阴沙人事实上都是后来的移民。我们在现代的农舍中见到了陆锦法，他已经在这处农场生活了六十余年。虽然自称为"本乡本土"的常阴沙人，陆锦法的老家其实在西面坍江地区的大新，在年幼时随着父母东迁此地，从此成长为一名农场人。在当地民谚中，"穷奔沙滩富奔城"，当年在政府组织的统一移民下，常阴沙成为这些失地农民的庇护所。

这位第一代移民完整地见证了农场的诞生与消亡。1959年，常阴沙农场正式成立，"口粮三十八，工资月月发"，在随后艰难的岁月里，常阴沙享受了一段相对平静富足的时光。甚至在知青下乡的时代浪潮中，农场成为城市青年求之不得的香馍馍——与其被放逐到边远贫瘠的农村，这座看病不要钱、读书不收费的新时代农场，显然有着难以抵抗的魔力。

1963年，七百余名苏州知青抵达常阴沙，这种"改造"的过程是双向的：城市青年在时代的洪流中寻找到一个稍微安稳的庇护所，而他们带来的城市文化也再次影响了本地人的命运轨迹。陆锦法回忆起自己童年的求学时光，对于世界的最初理解与课本知识，都是这些接受过良好教育的苏州知青传授的。而在知青到来以前，他的本地启蒙老师仅有小学四年级学历。

知青文化至今仍是常阴沙主打的旅游招牌。当年为了安置这批苏州青年而新建的圩塘，至今仍保留着青年圩的名字，陆锦法的人生际遇也在这数次"移民潮"的交汇之处涌动。长江形塑的人地关系曾意味着流离失所，也曾意味着安稳小康。穿行在常阴沙的圩塘堤坝之间，仍能窥见江水的力量。

香山，历史与现实

另一个解读长江岸线变迁的重要地点，需要横贯张家港的市域，从最东端抵达最西端。在这里，小小的香山已经成长为张家港的人文地标，与长江的自然伟力相比，人类的力量虽然渺小，但也不可忽略。

东山村因处在香山向东延伸而出的余脉上而得名。对许多本地人来说，如今的东山村只是一片日益规整的住宅区，鲜有人了解这片土地之下曾埋藏了怎样的历史。曾经名

在张家港这座现代化新城,常阴沙坐拥大片围垦出的良田沃土,这少有保留了"前张家港"时代风貌之地。图为常阴沙水稻丰收场景。
摄影 / 李文宏

列全国十大考古新发现的东山村遗址隐藏在一处街道派出所内，热情的民警帮忙打开了通往遗址区的铁门，却也忍不住打趣，"东山村有这么出名吗？"

眼前的几处探方已被清理填埋，很难从中直观地理解诸位考古名家的盛赞。这处最早可追溯至8000年前的遗址是崧泽文化的早期遗存，在至迟5800年前，这里已经出现了明显的贫富分化——贵族墓葬与平民墓葬分列东西，二者随葬品对比悬殊，这成为指向文明起源最早的路牌。

在几乎一半土地都是自长江中长成的张家港，香山是"古老"的异类。这座其貌不扬的山头海拔仅有136米，山势平缓，实难出众。但就是这样的一座小山，在第三纪的地壳运动中脱颖而出，在饱受洪涝之苦的江海之间成为一处人类发展的高地。身处古老的长江岸线，这片仅稍稍高出周边的山冈成为既能享有江海之便、又能不受江海之害的福地，以至于此后数千年的人类活动都围绕于此展开。

在明代徐霞客的考据中，"香山"之名源于"吴妃采香"，迄今已有两千余年历史，而徐霞客本人也成为这处文化地标中最重要的符号。在本地的传说中，苏轼曾经在香山小住，山顶设有梅花堂与洗砚池。徐霞客的族兄徐应震仰慕苏轼，亦在香山建有梅花堂。在《题小香山梅花堂诗》中，徐霞客记载了自己数次游访香山、追慕苏轼的经历，"坡仙爱梅花以名堂，予兄借坡笔以酬梅，可谓不负此花矣"。

一支梅香飘散至今，竟成为香山上广阔的梅园和一年一度的梅花节盛事。

与长江造陆的常阴沙形成一个有趣的对比，香山一度"毁于人手"。由于此地石矿稀缺，在20世纪后半叶，香山及周边的长山、巫山等地都成为采石场，徐霞客曾经居住过的小香山被采挖一空，后人在巨大的矿坑中填水成为人工湖，成了逆向的"桑田沧海"。

香山的角色数度变更，从崧泽贵族的统治中心转变为文人向往、遍值梅竹的世外桃源，如今转而成了一处城市公园。每年三、四月间，梅花、桃花次第盛开，仍有人文传统的悠久回音。

重新回到东山村，这片人迹罕至的古代遗址正筹划改建为一处遗址公园，但目前仍是荒草丛生。遗址旁立有一处六朝的古井，史说明自古以来这里都是人类定居的理想选址。苏州考古研究所副所长张照根点出了这里独特的地理背景：临江、背山、面湖，这里曾经发现了鱼鳍形鼎足与蒸鱼用的陶甑，反映了原始居民与鱼类的密切关系，有着浓厚的渔村文化韵味。港口文化由此滥觞，"这是张家港港口城市的源头"。

这并非牵强附会，地理意义上的"张家港"就在香山不远处——长江岸线的变迁改造了这里的地理背景，但文化的脉络如同草蛇灰线，绵伏千载后又浮出了水面。

保税港区，小港与大港

就在香山以东约1千米的地方，有一条毫不起眼的小河，这条河是"正版"的张家港。"港"的本义就是指江河的支流，后来作为港口的"张家港"因此有一个稍显冗余

↑ 作为曾经的国有农场，现在的现代农业示范园区，常阴沙在农业机械化、现代化等方面在江苏省一直名列前茅。摄影 / 王苗苗

↓ 常阴沙的乡村房屋多按一字形排布，大都宽敞、明亮，与稻田相连。摄影 / 蔡春林

↑ 香山是张家港的制高点,在这里可以远眺一派田园风光的双山岛,也能俯瞰金港现代摩登的大厦。
摄影 / 范品才

↓ 香山湖由一座采掘一空的矿坑改造而成,现下绿植环抱、亭台楼阁错落有致。摄影 / 蔡春林

的名字,"张家港港"。

据本地学者吕大安介绍,这条小河的得名在本地亦有两种说法:在民间传说中,元末农民起义的领袖张士诚曾经视察此地,苏州一带的百姓普遍对其抱有好感,为了纪念他而将此河命名为张家港;但严谨的考据则认为,河流冠姓为"张"的历史更可能发生在明万历年间,来自江北的张氏兄弟在这里定居开垦,将山水冲刷出的水沟加以疏浚拓宽,北接套河贯通长江,因此而得名为张家港。

1958 年,当时的江阴县组织修建从张家港入江口通往内陆的张家港运河,长江与运河交汇处的重要意义也随之凸显。1968年,出于战备与分流上海港的需要,在运河汇入长江的附近修建了张家港港,成为江苏省最早的内河港口之一。

要解释这处港口重要的区位价值,永乐年间的《常州府志》中有极佳的诠释:"江海要塞,唯下游诸山之阻,鹅鼻之突,长山之屏,巫山之险,为捍京口之咽喉矣。"在 1949 年 4 月的渡江战役中,当人民解放军以排山倒海之势"过大江"时,江海交汇处的江阴即是东面战线上最重要的战略要地。这处港口所处的位置正是昔日江阴的地界,只是在后来的区划变迁中被划入了年轻的沙洲县。

这处在长江下游咽喉要塞处修建的港口,在设立之后的十余年内一直是戒备森严的军事禁地,直到改革开放后的 1982 年,国务院决定将张家港港与对岸的南通港对外籍船只开放,这处小港才焕发新生,并最终取代"沙洲"成为城市的名字。

港口遍布长江两岸,张家港固有良港,但与之竞争的港口城市数不胜数,即便只看周边县市,江阴、常熟、太仓、如皋、南通等皆有自己的港口。而港城人民却凭借战备港的先发优势和独特的"张家港精神",最终完成了一个县级小港的精彩逆袭。

当我抵达保税港区门外时,余红旗刚刚从北京出差返回,得知我们想要参观港区,便立刻从家中赶来。这是一个炎热的周末,休息日的打扰令我们感到不安,但余红旗却对此早已习以为常,他自豪地宣称这是港口人应尽的义务。他面向繁忙的码头作业区,对这里的一切如数家珍。

余红旗并非张家港人,他是第二代港口移民。他的父亲来自河南,年轻时成为上海港的职工,张家港港初建之时从上海港务局选调人才,他的父亲也从黄浦江上的拖轮船队来到了张家港的码头。余红旗在年少时移民于此,从一名无法听懂本地方言的外来移民,成长为熟悉一草一木的新一代港口人。

余红旗见证了张家港的迅速崛起。如今,这座小城拥有全国唯一的县域口岸保税区、江苏唯一的保税港区,在 2012 年又成为长江内河流域首个、江苏省唯一的进口汽车指定口岸,而在同一批次批复的口岸中,除了青岛、宁波这样的副省级城市,便是北京首都机场这样的国门。就在我们到达的前几天,余红旗刚刚经手设立了保税港区第一条真正意义上的国际定期航线,每周一班前往日本。

张家港是一个习惯创造奇迹的城市,在港区这种感受尤为明显。为什么张家港得以从如此多港口中脱颖而出,为什么能成为各

得益于优越的地理位置及环境，港城沿江一线码头林立，万吨级货轮穿梭其间，作业区灯火通明，一切繁忙而井然有序。摄影/卢小海

作为长江内河流域首个、江苏省唯一的进口汽车指定口岸,数以万计来自世界各国的汽车在这里入关、改装……最终发往全国各地。

摄影 / 谢卫东

类口岸名单中全国唯一的县级城市？余红旗毫不意外地提到了20世纪90年代的市委书记秦振华留下的"精神遗产"——团结拼搏、负重奋进、自加压力、敢于争先。

许多普通市民都对这十六字的"张家港精神"倒背如流，并且从骨子里相信，这是张家港最不可被剥夺的财富。在余红旗看来，张家港的秘诀正在于每个普通市民对这一精神的信奉与践行——在保税港区，如果有客户远道而来却恰好错过了当天的工作时间，从接待窗口到码头作业区上涉及的所有链条都会主动加班提供服务。甚至就在我到访的周末，他带领参观办公大楼时，指着许多忙碌的工位告诉我，周末时在港区加班是一件再平凡不过的事。

这类牺牲个人生活、为工作奉献的叙事，在如今日益发展的中国，显然在某种程度上已经有违"政治正确"，但港口人的确以这样的"负重""拼搏"创造出了神话。数十年来，这处内河港口没有在严峻的竞争中失势，始终是张家港骄傲自称"港城"的金字名片。

如果回望港口文化的发展与变迁，早在东山村遗址中就已经有了种种史前文化的汇流图景：马家浜的红陶、皖南及宁镇地区的黑陶、本地文化的釜、外来文化的夹砂鼎……许多不同的文化元素在这里融汇碰撞，成为文化交流的渡口。而如今，穿行在港区中的我们见到来自韩国的浦项钢铁、来自德国的梅塞尔、来自美国的陶氏陶瓷……更广阔的地理背景在这个更巨大的港口中发生了新的连接。

双山岛，理想与生活

与喧嚣的保税港区相比，江对岸的双山岛显得分外宁静。这座岛屿处在张家港保税港区与长江主航道之间，南北两侧都是繁忙的航路。

上岛的唯一方式是坐船。轮渡即在张家港运河汇入长江的河口处，由于岛上正准备做旅游开发，大量的货车排队等着每隔半小时至一小时一班的渡船。船到双山岛，各式卡车迅速消失在通往工地的道路上，当地人散入岛上的民居，只剩下到处闲逛的几位旅行者。

查大姐是地道的岛民，如今是一位旅游观光车司机。她一边指点着环岛路上的各种景致，一边和我闲聊她的家事：她生于斯、长于斯，自嘲是一名不算很积极向上的张家港人，却也自考过大专、进过外企，为了孩子的教育放弃了更好的工作，回到岛上成为一名旅游从业者。车子开到岛上的渡江战役纪念碑处，她告诉我，她的爷爷就曾是地下党，在渡江战役中立过功。

这段久远的历史，查大姐也只是从爷爷的叙述中捡拾过一些碎片：他的爷爷年轻时曾去江边伪装捕鱼，而挎着的鱼篓中其实装着的是重要的情报。后来解放军继续南下，爷爷选择留在双山岛，却因此失去了与地下党之间的联系，中华人民共和国成立后也没有去表明自己的功劳，仍是一位普通的农民。如今，田园生活成为都市人逃离喧嚣的理想，未曾实现的城市梦竟然有些过时了。查大姐当年的大专同学们都混出了模样，她却很安心地觉得观光车司机也是不错的工作，"好

↑ 至今，每隔一个小时或一个半小时的通江汽渡，仍是双山岛居民、外来游客前往双山岛的唯一途径。图为双山岛渡口。

↓ 双山岛渡口边的城楼，站在其上可以远眺对岸繁华忙碌的保税区和宁静秀美的香山。

双山岛理想村效果图。

山好水好空气,也是很好的生活"。

查爷爷曾为之奋斗过的理想,在现代语境中有了新的继承者。几年前,一群年轻人看中双山岛的乡村生活,在这里尝试创造一种新的农村生活。贺珊本来已经定居上海,为了这个心目中的"理想村",又成了每周通勤往返的新岛民。岛上发现了温泉,她便筹划着建造温泉酒店;20世纪的粗朴民居被重新整修一新,成了全新的旅舍、餐厅、艺术馆,甚至还在计划建造一座24小时图书馆。

理想村吸引了许多年轻人,来自河南的马晓婵刚刚毕业就来到了岛上,成为长居于此的新住民。并非所有年轻人都喜欢繁华喧嚣,她只是偶尔去一次对岸的金港镇,采购、逛街、取快递——直到今天,还没有任何快递公司通达这座小岛。

岛上有一片"高地"刚刚完成了国际设计竞赛,在这片小小的空地上,理想村正计划建设一处崭新的"灯塔",集合了酒店、民宿与公共空间。年轻的张家港设计师薛恺强参与了这场竞赛,他设计了一个由废弃集装箱层层堆叠的"塔",期望可以成为与对岸港区遥相呼应的新地标。薛恺强为此投入了许多精力,最终仍在比赛中惜败。但他的设计早已扎根在双山岛,他是许多民居改造

有光咖啡馆一角,很多关于理想村的
设想都诞生于此。

项目的驻场设计师,更在"有光"咖啡馆后面有一个属于自己的工作室。

"有光"是这群年轻人的根据地——这个小小的咖啡馆有着亲切的原木色调,也有着与原生的乡土截然不同的审美趣味。白墙上的艺术品来自薛恺强的创意,他利用业余时间收集旧相机,拆解后将其零件重新排列粘贴,成了一幅幅老相机的"解剖图"。

岛上的生活平淡、闲适,或许也令年轻人感到寂寞。岛上的生活给他们带来了怎样的改变呢?马晓婵说,她正变得更为怀旧。或许受到解剖相机和岛民生活的启发,她发展出一些新的兴趣,曾经厌恶拍照的她开始学着用摄影记录自己的生活。

在岛上的日子里,能听到鸟叫、船笛。渡轮带来一批批游客,但暂时还无法支撑起理想村的庞大愿景。他们也尝试着举办讲座、推广垃圾分类、组织志愿服务,努力将这个小岛改造成理想中的模样。

数十年前,双山岛是渡江战役中的浴火之地,也是通向新生活的必由之路。而如今,对岛民与新岛民而言,双山岛正再一次经历巨大的改变。在充满未知的生活中,薛恺强设计的集装箱灯塔虽没有机会成为现实,但对生活所抱有的理想,始终是一座灯塔。

规划中,岛上旧时导航的灯塔变为了高端民宿酒店,住客可一览长江景色。双山岛正在经历一场巨变,未来的一切都充满未知。

沙上人家，笑傲江海

撰文
詹忆梦

对于张家港来说，沙上地区无疑是特别的存在。这片百年来从长江"长"出来的土地，占据了全市2/3的面积，深深地影响了沙上人的生活，也进一步塑造了沙上人乃至张家港人的性格。当沧海变为桑田，沙上人也通过一辈辈人的付出，创造了独属他们的历史。风俗、方言、饮食……当生活细节逐渐丰满起来，沙上文化随之形成。

初次造访沙上的人恐怕会感到茫然，那些外显的独特景观已经消逝。沙上以迅疾的速度进行着自身的代谢，它像是一个理性进化的生命有机体，不断地选择着更好的形态，将陈旧的、不合时宜的成分抛弃。

以毫不恋旧的姿态拥抱当下，也是沙上文化的迷人之处。过去吃的苦，是为了拥抱今天的甜，既然拥有了今天，不妨把期待留给明天。

因沙而聚，浪潮之巅

相较于港城境内凤凰、塘桥等"江南"古陆，沙上成陆的时间并不长。大约在12000年前，这方土地还是一片汪洋浅海。长江奔流而下，在地势平坦的区域水势放缓，北岸土地被江水搬运至南岸，水流携带的泥沙一路堆积，不断下沉，在下游逐渐形成众多沙洲。到了清末，江中数十个沙洲逐渐合并为南、中、北三个大沙洲，沙上地区的雏形渐成。

江水裹挟着泥沙堆积出了"新大陆"，也不断汹涌地冲击着长江堤岸。围垦、保田，始终在沙上进行着，占据了人们漫长的劳动岁月。沙上围垦在晚清、民国时期已成规模，众多围殖公司以雇佣劳动力的形式组织围垦，将泥工票作为报酬发放给本地村民或是外来移民。泥工票可兑换成现银补贴家用，也可用于换取新围出的沙田。此外，新土地还会以出售、低价租赁的方式给到沙上的"新住民"。

在这些"新住民"看来，来到沙上不啻为一笔划算的买卖。他们多来自江北沿江一带，诸如启东、海门、南通、如皋、靖江等地，有的人无田谋生，有的人因为坍江失去了土地。大片待开垦的土地，优惠完善的制度……迁至沙上重建家园，成了他们最好的选择。

事实上,沙上的居民几乎都是外来移民。据说,南宋时期因为战事,大量人口南迁,这些流亡到沙洲的难民被认为是沙上人的祖先。尽管最初的沙上居民来自各方,没有血缘关系,但在长期的生存挑战中,彼此间却变得更为紧密。

一座沙上村庄的建立异常艰辛。数千名工人轮班挑土筑坎,通宵达旦数十日。当施工逐渐进行到最后的接合阶段——"合龙门"时,水流会越发湍急,每一步若稍有差池便会前功尽弃。随着筑坝截流成功,沙田展现在人们眼前。新的土地给人们带来了新的机会,在这样的大规模围垦的过程中,一个个集镇由此而生,在历史的坐标中有了名字。

至1930年前后,沙上"老沙"区域的部分地理范围初见雏形。沙上地区根据成陆时间等划分为"新沙""老沙",老沙包括巫山港、横套河以北,原中心、德积、大新、晨阳、锦丰、合兴六乡以及东莱、南沙、后塍、三兴、乐余、南丰乡部分土地。随后,在这片土地的东部,沙滩继续发育,逐渐形成"新沙"。

水裹带来沙,而沙又将人凝聚在了一起。来自八方的人们,方言、习俗迥异,将他们联结起来的,不是血缘,也并非财富,而是对美好生活的渴望。一代代来到沙上的人群都沿袭了这一脉相承的动机,为寻找新的家园而来。过去的地域、身份已经变得不那么重要,他们所要面临的是一方亟待改造和建设的土地。同时变幻莫测的长江为人们的生活带来了隐患,夏季汛期一旦江堤决口、圩塘倒塌,所有辛苦就会付之东流,因而沙上人"始终"过着"扁担不离肩"的生活,团结在一起,共同守卫着来之不易的家园。在日复一日地与水争地、与江博弈的过程中,一个高度紧密的地缘共同体,一个新的身份认同被他们抗在了肩上:沙上人。

抱团生长,顺势而为

沙上沿江一线自然生长着大片的芦苇,其可使流沙凝聚,沙上人曾将芦苇栽植境内,以期为将来种植庄稼、果蔬提供帮助。密密的芦苇丛,只要抓到一点点土就可以生长,见土生根,见水分枝,很快就会浩浩荡荡一大片,形成如浪一样的芦苇荡,共同抵抗着风、浪、潮。江边芦苇好似一座天然的"水边长城",始终保护着滩地、沙地,守护着沙上人家。

沙上人善于用芦苇。由于早期经济贫困、物质贫乏,新开拓出的土地上"一穷二白",没有地方落脚,他们因地制宜用芦苇修筑起了简易的房屋。在地势较高的岸头地角,用茅草或竹篾将芦苇扎成大腿粗细、数米长的"柴把子",再把它掰成环形,将两个环形"柴把子"对称埋入泥土中,然后在上头覆盖上编织好的芦苇"席",一个简易民居就搭建好了。这种被戏称为"滚龙厅"的民居,为沙上人提供了最初的庇护。一个圩塘就是一个村庄,圩塘看似是一个个长方形,落户的居民都依傍圩岸居住,形成了一字形的圩埭。这些依埭而建的房屋就是埭宅,家家户户不是相邻,就是相望。田野呈条块状,以田埂隔开,在空间上显示出齐整的美感。

芦苇"编织"的民居、生活制品很快随

着生活条件的转好退出了沙上人的生活。根据《沙洲县志》记录，20世纪五六十年代，少数农户已开始在原址上翻建房屋，简陋的芦苇民居开始减少，至20世纪70年代，草房已普遍被瓦房所替代，1985年后，沙上人开始了新一轮的房屋改建，宽敞明亮的三层楼房成为乡村新景。

水是沙上的命脉，长江的活水经由纵横交错的港、套、沟、河不舍昼夜地流动着，灌溉着良田，而"江尾海头"特殊的地理位置，促使这里诞生了特有的商业模式。以沙上的老海坝村为例，这个临江的小镇历史并不悠久，历经1916年、1922年两次围垦而成，虽然旧时陆路交通闭塞，但因依托长江水运便捷，曾商贾云集名噪一时。早年来往上海的商轮多会在这里的码头停靠，船员们上岸到镇上采购货品，商人们也经常在这里落脚。于是，沙上人除了务农以外，也推崇学一门手艺。

在老海坝的商业街上，活跃着钟表师、理发匠、糕点师、酿酒师的身影，当地也出现了钟表店、金店、典当行这样具有奢侈品交易属性的店铺。通过江边的商业网络，沙上的小商人会以走码头的方式，跑不同的镇子卖货物，以求在不同的地方根据市场行情赚到差价，有人会定期坐船到上海去进货。

不论是就地取材、因地建房，还是学手艺、跑生意，这些沙上人们有着相同的品质，他们总是善于在特殊的阶段寻找应对困苦的对策，谋求最好的生活。20世纪40年代，老海坝一天就要开早晚两市。东方未白之际，街上已人声鼎沸，茶馆里聚集着喝着黄酒高谈阔论的各地人群，市集上摆着活色生香的江鲜，等到夕阳西斜时，载着江鲜的渔船纷纷归港，鱼贩争相买卖，等待着将批发的鱼货卖往各地。一片曾经荒凉、贫瘠的土地，像梦幻似的，短短几十年时间就变了模样，烟波浩渺的长江口，出现了不大不小的奇迹。

酸甜苦辣，豁达生活

当沙上的老沙地区逐步孕育着与之相应的风俗传统时，以常阴沙为主的新沙一带正逐渐形成。1950年，解放军有计划地在今常阴沙一带逐步围垦开荒、创办农场。挑土、修坝，土是一担一担挑起来的，地上又都是淤泥，好几千人都在一个圩塘里劳动，用倪正明的形容是，"黑压压的都是人头"。

倪正明是沙上人。他居住的地方，房子宽敞、方正、洁净，门口的稻田一望无际，稻田与稻田之间的田埂笔直、漫长，这是一个沙上人家对生活所秉持的审美。今年73岁的倪正明与父辈都参与了常阴沙的围垦。20世纪70年代，在倪正明正值青年之际，常阴沙围垦到达了高潮。

那时，倪正明每天四五点钟就跑去圩塘参加劳动，中午草草吃一口饭，劳作到了下午五点钟的时候，已是饥肠辘辘、疲惫不堪。他每天都是跑着来回，一来一回就要跑上两个小时。对于这样高强度的劳动，倪正明有办法调节自己的劳动状态。

沙上的劳动号子是长期集体劳动下的产物。当时的常阴沙已经聚集了一批来自海门、启东等地的移民，形成了以崇明话为源头的特色新沙方言，因此倪正明所喊的号子，区别于老沙等地，被称作常阴沙号子。

"扁担搁到肩头上，号子声音满天响"，常阴沙号子可以快速地协调这种大集体的劳动形式，由于劳动的场景不一，因此也产生了不同的劳动号子类型，比如车水号子、挑粮号子、挑泥号子、打夯号子……这些号子虽然没有明确的曲调，但是在劳动中可以调动劳动者的精神状态，使参与劳动的人们保持同一个节奏。在全靠人力的艰苦劳动中，号子也能消除疲劳，振奋精神。

沙上这方曾经贫瘠的沙地，地下没有历史，地上更是从零开始，在这里海洋与陆地的边界此消彼长，生活风俗习惯在人们的碰撞与交融中生长起来，呈现出质朴、健康的气质。而地处江边总是让这里能更快地受到新事物的吹拂，人们对风俗习惯也并不持原乡式的守旧态度，风俗的更替总是随着生活的场景被不断替代。如今，已失去了"使用场景"的沙上号子，如那些旧时的风俗般逐渐被涤荡，仅以"非遗"的形式得以传承保留。

活在当下，跑进明天

在不断更替、前进中，现下已经很难再寻觅到沙上的旧时风貌。在这座由不同文化背景的人们建设起来的新城中，操着十种不同语言的移民，在张家港精神的指引下，彼此渗透、不断交融。"团结拼搏、负重奋进、自加压力、敢于争先"，这个于1992年提出的十六字的张家港精神，已经深深将沙上人的拓荒性格写进了城市的命运中。

沙上没有遗憾，但是过去也值得保存。在这百年中所形成的特定印记，沙上的方言"沙上话"为我们打开了一扇窗口。

沙上话可根据地域分为"新沙话""老沙话"等，其中有相当一部分特定的名字代表着沙上围垦的田野景观，东西走向的河是"套"，南北走向的是"港"，在圩塘中东西走向的是"腰河"，比"腰河"小的是"腰沟"，这是一代代人累积下来的水利工程。"海"字无处不在地出现在沙上人的口中，"过海""过浪""过海边"，至于海边、海滩、海坝的系列，则解释着沧海变成桑田的递进关系。当然，还有"海坍""保坍"这样的词语折射出土地受到洪流冲击坍入江中的历史。1958年，在经历了台风、大潮、暴风袭击之后，尽管人们采取了一系列"保坍"措施，曾经繁华的老海坝镇还是坍入长江。这些泥沙流到了常阴沙东部，开启了新沙发展的前奏。

在沙上人的眼里，历史好像就是这样，沧海会变成桑田，而桑田也会回归沧海。

2008年，常阴沙农场因为发展需要，更名为张家港现代农业示范区。作为发展农业核心区域，这片老农场正在被打造成农业文旅融合发展新地标。常阴沙根据不同的景观建起了大大小小的公园和农业园，在知青文化主题公园内，一句"广阔天地，大有作为"的标语像是穿越了两代人之间的精神追求。如果生活是一条赛道，那么沙上人就是一群共同向前奔跑的人，在短暂的时间中创造出美好的生活，创造出属于自己的家园，毫不恋旧、满怀希冀地跑进一个崭新的未来，然后继续笑对风浪。

张家港的守艺人

故乡步履不停,
用手记录美丽光阴

撰文
詹忆梦

摄影
冯大伟 等

改革开放后,张家港以飞快的步伐向前行进,城市面貌变化非常快,形形色色的手工艺随着社会的脚步,逐渐停留在时间轴的一个个定点上,成为历史长河中的粒粒星尘。但倘若我们把目光聚焦在每一个手艺蓬勃的时间区间,就会看到这些手艺群体的劳动价值。不论是技术、创造力,这些手艺曾经生气勃勃地创造出属于它们各自时代的精彩。

如今张家港人带着温情的目光打量手艺,不论是腾空而起的一只风筝,还是哼唱在口中的一段评弹曲子,它给人一些类似乡愁的感受,即便人们仍然身处故乡,但是当故乡的结构日益经受巨大变化的时候,这些工艺与艺术,则成了通往回忆的一条美丽小径。

手艺也不仅作为乡愁的回忆而存在,他们承担着乡镇社区中的沟通与联结,满足着特定群体的需要,或是走到了更大的舞台中去,向世界传达出地方文化的色彩。

铁匠

鹿苑

◦ 千锤百炼，一间老铺守护老街生活 ◦

鹿苑的老铁匠每天还坚持跑五千米以上，因为从事的工作需要大量体力，他仍保持着良好的身体素质，手上的肌肉饱满有力，简直不像一个八十岁的老人。

可房子老了，在鹿苑这条老街上，大多数房子有些病恹恹的，不是写着"拆"，就是许久没有人居住的样子。还有一条更古老的桥——弘济桥，也处于维修维护中，像是一架运行了百载的机器，摇摇晃晃的。

这是一个"昨日的世界"，当一座城池轰轰烈烈地往前跑着，生机勃勃大放异彩的时候，老街上的光阴却走得慢了一些。位于塘桥镇北部的鹿苑，据说是春秋战国时吴王养鹿之地，一条老街基本保持着明清时代的风貌。街头的弘济桥见证了鹿苑老街的历史，桥上的"弘济桥"三个字还是清代文人钱谦益所写，桥上曾游人如织，转眼已过去四百载了。

"我小的时候就说要拆，这不到现在了也没拆完，"一位当地人用开玩笑的语气说道。

铁匠张文庆的打铁铺子依旧开着，带着一股劲儿。老屋子是张文庆年轻的时候盘下来的，当时费了不少力气。二十几年过去了，房子老了旧了，可还打扫得干干净净。屋子里光线很暗，炉膛里烧着火，地面上堆放着要取走的货，从门口到角落里都挂着、摆着各式各样的铁器，有剪子、耙子、菜刀，也有各种叫不出名字的农具。

一上午客人陆陆续续地过来。每天下午是铁匠的休息时间，这个规定是儿子立下的，理由是担心他的身体，上了年纪，要有适当的休息时间，于是铁匠就在铺子前挂上了一块牌子：天天下午休息。这也意味着天天上午都得开门，原因很简单，因为有人需要这个铺子。

裁缝风雨无阻地过来，现在像老铁匠这样还能打出一把好剪子的人少了。裁缝不满足市面上的剪刀，总想通过铁匠打一把称手的剪刀做衣服。厨师也是，他在老铁匠这儿能找到一把称手的切菜刀，这把刀不仅切肉省心，手感上也让人舒服，这是铁匠多年积

每日清早，张文庆都会如约走进鹿苑老街上自家的铁匠铺，在火光中敲敲打打，和三五旧友谈天说地。
摄影 / 张律堂

昏暗的铁匠铺中摆放着张文庆打制的各式用具，剪刀、斧头、锄头……因品质优良，不少人会专门前来请他制作。摄影／张律堂

攒下的经验。还有一些工厂老板缺少配件也得临时找铁匠帮忙。

来的更多的是一些还自己种地的人。这里的人们已从田野中撤离，拥有了新的生活，平时养花养草，来见见老朋友，聊上几句天，再买点东西，是很多人们在新的生活中重建熟悉的安全感的方式。

这个小小的铺子跟都市中的便利店形成一种对照，不论人们选择住在哪个地方，总需要一个亮着灯敞着门的角落，供人消遣闲谈，彼此问候。都市建立了完善的生活系统，重新划定了人们生活的框架，而乡镇网络虽然退居到边缘，却有大量的人群仍然过着原来的生活，在他们的生活中，铁匠铺子仍然是乡镇网络中的联结点，对于鹿苑人来说，一间开着门的铁匠铺子会比一个城中的超级市场更重要。

生命像浮萍一样脆弱，而有的时候，生命的生长过程又令人敬畏。张文庆的铺子前种着不少花草，这些花草在阳光的照耀下生长得十分茁壮，有的人看了眼馋，就想来偷张文庆的花草。张文庆看了生气，就挂了个牌子：许看不许拿。他曾感叹，现在有的人做什么事情都没了规矩。

张文庆一生做过不少工种，十几岁就开始跟着父亲学打铁，在锁厂学过制锁，还在纺织厂做过事，最终兜兜转转还是打铁。后来，他带过几个徒弟，有的人惦记着赚钱，有的人坚持了下来，张文庆觉得人最重要的还是自己心里的规矩。

他还记得刚盘下这间铺子的时候，父亲已经生病卧床不起，他白天开店，晚上回家照顾父亲。除了自己的铁器，张文庆也把父亲打的拿去卖，每天卖掉了什么就记在账本上，晚上一回家就给父亲看账本。

一对别扭沉默的父子，在账本上实现了隐秘的对话，谁都会变老，而铁匠打的铁，经过了千锤百炼，成为真正得心应手的好家伙。

竹编 后塍

轰轰烈烈大半生，老来寻寻觅觅一知己

老篾匠的家门口摆着一个竹架子，上头堆放着一些杂物，如果上下楼的人们不注意的话，很难留意到这个老竹器。由于使用的时间已上了年头，器身已经变深、变暗，随岁月的流逝散发出一种古朴低沉的色泽，那些尖锐的棱角也变得柔顺。

这是老篾匠陶永飞与他的竹器世界，只不过这个天地已经随着老篾匠这一代人的老去变得日益狭窄起来。塑料制品也入侵了这个空间，老篾匠的厨房里也放着塑料的盆子和篮子，而那些曾经带着老篾匠精湛手艺的竹器都被收纳在特定的空间中。

从前的后塍可就不是这样了。在过去，后塍人家的院子中种满了竹子。由于后塍地区是围垦而成，农家前后都有小竹园，村村都有篾匠。70多年前，后塍镇上就有二十多家竹器店。

竹器以平凡的形态出现在后塍人的生活中，家家的椅子、凳子和碗橱柜，还有筛子、匾子等，占据了生活用具的半壁江山，于是篾匠也曾是一门风光的职业。陶永飞十七岁开始学艺，后来进了后塍的竹器厂。20世纪70年代末是后塍竹编最风光的时候，由后塍镇某竹器厂生产的竹篮、竹盘等日常生活用品，远销港澳地区和日本、意大利、加拿大等20多个国家。

这些年，陶永飞陆陆续续积累下了不少竹编制品，全部放置在一个单独的紧闭着的房间里。随着房门被打开，满屋子的竹器散发出植物特有的香气，琳琅满目地陈列在眼前，向每一个参观者诉说着一根竹子的各种变化：用途上的、造型上的、纹理色彩上的。

这些不再被广泛使用的竹器制品，也勾勒出过去的生活。早年后塍人包饺子的时候，要把包完的饺子放置在竹匾上；出门买菜的时候，竹柄极长的竹篮子背在身上，各家买了什么菜，一条街上的菜篮子展示得清清楚楚，也添了几分聊天的谈资。

塑料制品的发展逐渐代替了竹编制品，厨房的变革让做饭不再是一场需要多人参与的劳作，至于无处不在的便利支付和购物袋，也取代了拎着菜篮子上街的传统，技术

陶永飞手持篾刀,飞速地将竹丝均匀地劈成两片,动作看似简单却是力和技巧与时间共同练就出的。徒弟们至今无人能像老人一样熟练地劈篾。

搬到楼房后，客厅成为陶永飞教徒、编织竹器的场地。他时常在这里一坐就是一天。

的进步带给了人们更好的便利，也让这一房间的竹制品透露出怀念、感伤。

不过，在陶永飞的家中，竹编的活动没有停下，房间地面上的篾丝如旧时模样铺了一地。老篾匠陶永飞现在也有了几个徒弟。徒弟们已经早早地来了，她们蹲坐在竹篾之间编织着最近接到的几个订单。徒弟的加入让老篾匠的家里出现了一些与现代生活相关的竹制品。她们创新地编制了一些竹编包、竹编扇，包上拼缝蕾丝，扇面上画一朵荷花，一点小巧的设计，让产品获得了市场的青睐。

对于现在的人来说，做竹编已经不再是一个好的职业选择。后塍竹编外销热潮在20世纪80年代的时候已开始消退，同一时期，县内塑料工业开始起飞，以手工编制为主的竹编制品开始恢复家庭生产，曾叱咤风云的竹编暂时退出了后塍工业生产的舞台。

可作为一门手工技艺，经手编织的竹扇、竹篮依旧能给充斥着工业制品的生活带来一丝天然的联结，令人遥想起一种竹林清风、小径人家的田园诗意，也有人是真心诚意地怀着对竹编的爱好而来请教。

当陶永飞和他的徒弟正在忙碌时，一位

陶永飞设计、制作的各式竹器。

姓沈的老人已经恭候多时。在偶然结识了陶永飞之后,老人时常带着他编织的半成品来访,向陶永飞请教。两人一个教一个学,一个示范得仔细,把要点一一指给对方看;一个认真看着,虚心求师。

承担过时代中不可缺的角色,拥有过一片风光的舞台,当竹编已经不再是时代的主角,老篾匠的心里仍有一片郁郁葱葱的竹园正在生长,等待着某位知己趁着月色而来叩响心门。

坚持七十载,唱出姑苏好风光

倘若不是因为这场突如其来的疫情,长春园书场本该是满座的。窗外的日光透过雕花的窗户照进了剧场,在一排排的空座位上,贴着一张张红色的标签,上头对应写着人的名字。这些都是长春园老听客的名字,每天他们都往书场里钻,就跟长期住户似的,久而久之,很多人都会买上一张月券,给自己占一个专属的位置。

舞台也是静悄悄的,上头摆着两把椅子,如果灯光亮起来,就会有一男一女带着三弦和琵琶上台。信手一弹一拨,吴侬软语就这么响起来。

张家港的长春园书场是苏州的老书场了。长春园舞台两侧的对联写着"说尽原原本本也须好几月功夫,谈来古古今今问是哪一朝史事",道尽了评弹这门艺术的真谛。长春园书场的前身是姚厅茶馆,始建于清朝同治年间,旧时曾有不少名家来到这里演出,风光一时。

20世纪60年代,张家港评弹团的前身沙洲县评弹团成立。评弹团汇集了时下不少身怀绝技的评弹艺人,其中有苏州评弹界的"三国王"张国良,有以节奏明快、吐字刚劲清脆著称的李子红,还有张少伯、张儒良、王楚人等评弹名家。

但在20世纪90年代末,评弹团经历了一段低潮期,评弹艺人越来越少,跟其他曲艺团体合并之后,愈发停滞不前。在新旧世纪之交,张家港评弹团的现团长季静娟,带着几位还在坚持的评弹艺人,脱离出原有的团队开始独立运转,通过创作新的题材、参加曲艺比赛逐渐找到了自己的位置。

现在是张家港评弹最好的时候,不止有一名评弹艺人这么说起。当下,他们正在尝试对评弹进行新的编曲和试验性的改造,创新地让评弹跨界与其他音乐形式结合。

一位年轻的评弹艺人对我说出了他的思考,现在的人选择总有很多,冲击随时都在发生,一个评弹艺人所要做的是向公众呈现出更加自律的表演,让更多人看到评弹的"味道"。只要把评弹的门打开,人们自然会分辨出好的艺术。至少,"我觉得评弹很高级,"他说。

一把三弦、一把琵琶、一块醒木、一把折扇,乐声响起,吴侬软语中评弹又一次在长春园书场开讲。

金村讲唱人

◆ 四月初八，赴一场金村庙会 ◆

20世纪90年代末，满怀希望的金村人一砖一瓦地将永昌寺这座始于南朝的古寺重建了起来。那个时候，金正球的父亲每天都会到工地上去看着。父亲早年一直为收集整理金村宝卷、重建永昌寺、恢复庙会而奔波，如今年事已高，但在他的眼中，能看着永昌寺建起来，比什么都重要。

也是那时，金正球作为讲唱宝卷的讲经人正式登台，完成了他人生中第一次的表演。父子俩，一个抄经，一个唱经，仿佛完成了一次自然的交接与延续。金正球也从此负担起了金村宝卷讲唱的工作。

如今，金正球家中有一个木柜子，里头放置了上百册宝卷。这些宝卷被保管得完好、妥帖，里面有的是父亲抄写的，有的是他自己编写的，一册册的宝卷都用工整的小楷书写。父亲的字，自己的字，翻一翻，时间就这么流过，一眨眼就到了2020年。

经卷上头的故事已经旧了，可是金村人还是孜孜不倦地爱听。见到金正球的这一天，他正因为昨晚应邀讲唱了一晚上，不得不在第二天白天补眠，但金正球已经习惯了这样的作息。在他随身携带的一个包袱里，放着唱经人的"行头"，木鱼、宝卷、水杯。"咚——"一声，他敲击了一下木鱼，每一种木鱼音色各异，选用哪个要视讲唱的经卷而定。讲唱宝卷，看似是为了宗教信仰而展开的活动，其实更多的时候，唱经人更像一个演员，在座人的情绪会随着他们的讲唱而起伏，有时珠泪涟涟，有时开怀大笑。金村的故事、历史，也经一位位讲经人的传承、创作、改编、演唱，流传、保存至今。

如今，距离初次登台已经有22载，父亲念念不忘的永昌寺，也是金村人念念不忘的永昌寺，已重新建起，规模愈发宏大。有了永昌寺，金村庙会就有了恢复的盼头。当金正球开始参与筹划金村庙会的复兴时，父亲已经离世了。

作为金村地标的永昌寺是"南朝四百八十寺"之一，初建于南朝梁代普通三年（522），香火兴盛，金村庙会因永昌寺而兴，在明清时期颇有名气。20世纪50年代末，

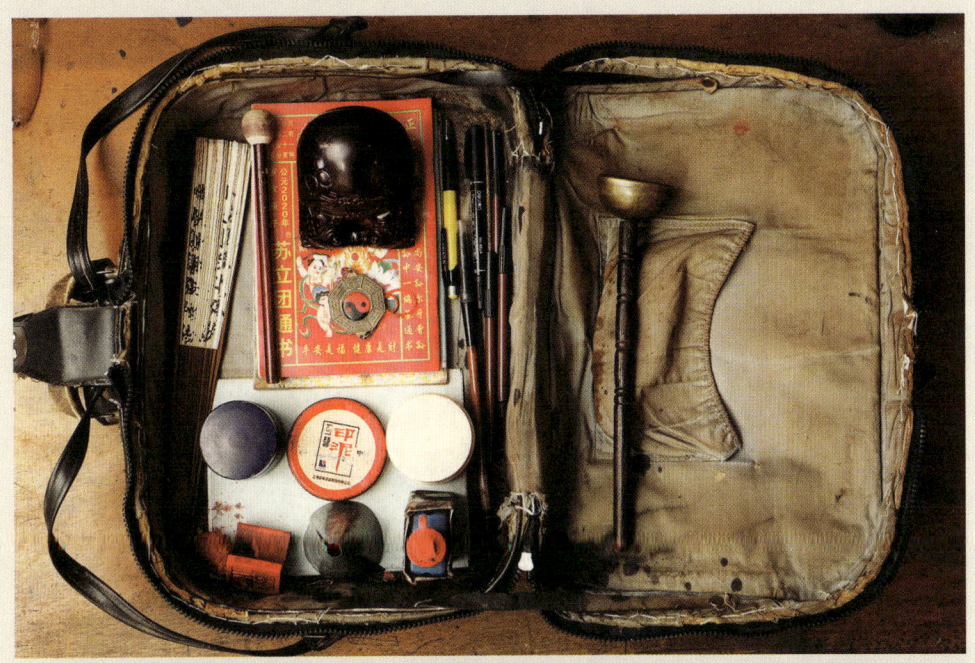

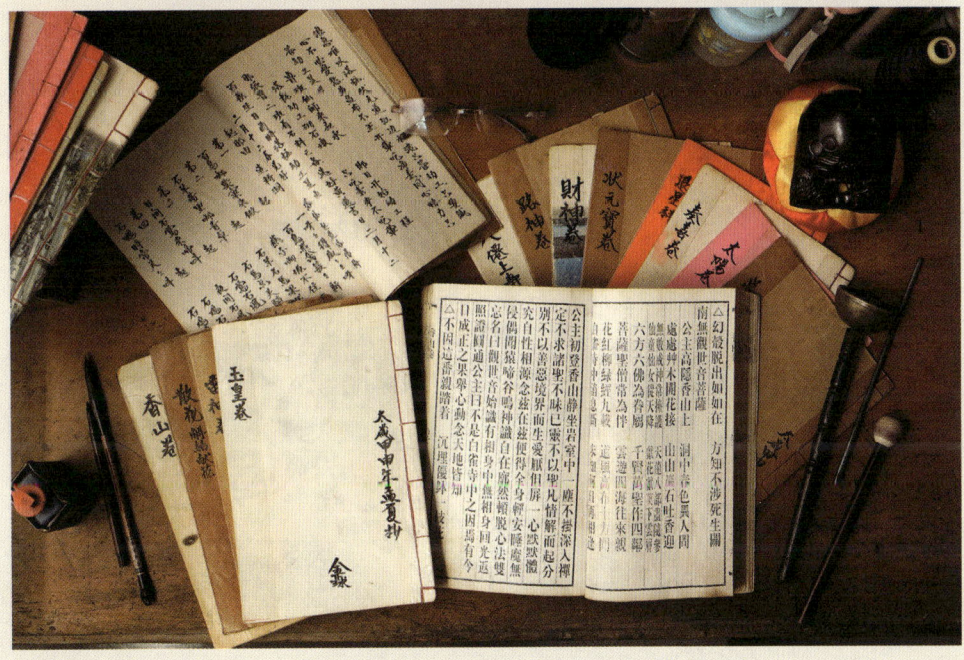

↑ 金正球是金村宝卷的传承人。每次出门讲经，他都会拎着一个小皮箱，里面放着木鱼、折扇、毛笔等讲经用具。

↓ 金正球家中收藏着众多宝卷，除几本是印刷品外，其余几百本都是由他和父亲抄写的，不乏二人创作的内容。

↑ 每届金村庙会上都有盛大的民俗文艺表演，演出人员及组织者基本上都是本村村民。摄影 / 葛志文

↓ 抬着"金七老爷"神像游街，是每年金村庙会都会举行的仪式，金村人以如此形式纪念抗倭英雄金七。摄影 / 葛志文

永昌寺因多方原因被拆除，金村庙会停办，这件事成了村民们心里的结。

每个金村的孩子很小就知道金村庙会的意义，那和一个叫金七的抗倭英雄有关。明朝嘉靖年间（1522-1566），金村屡屡受到倭寇侵犯，有一位名叫金七的大汉，身着彩衣，面涂朱墨，扮演成天神厉鬼，带头击杀倭寇，最终不幸战死。这位保护了金村的英雄从此化身为"金七老爷"守护一方，被金村人以庙会的形式一代代纪念。

金正球等人想尽办法把庙会办得热闹、气派，得比过去还要好。四月初八是庙会正式开始的日子，上午先在永昌寺寺内举行浴佛节、吃长寿面，接着就是一场狂欢的"出会"，各式各样的队伍都聚集在了金村。在锣鼓、衙役开路以后，舞龙舞狮队、腰鼓队、民乐合奏队，还有荡湖船的，踩高跷的，抬着金七神像的，演出之后，再按照既定的时间回到永昌寺。每次"出会"仪式，金正球都会上台抑扬顿挫地讲唱起独属于金村的《金村宝卷》，短短四分钟时间，几经修订的薄薄几页纸，汇聚着金村传承近千年的历史与金家两代人的心血。

从初七到初九，老远就能看到金村前后的街上挂着花灯，各种地方戏曲也在金村的舞台上轮番登台，这是金村留给外来者的印象。在这里，心怀虔诚的人可以敬佛，呼朋唤友的人可以分享食物，爱热闹的人能听戏听书，年轻人也能购物嬉戏。

人们自发把面包、汤圆送到永昌寺，以供人食用，庙会的贡品、用餐都由金村人自己筹办，还有庙会上的文艺民俗表演，几乎全村人都会来报名参加。根据统计，金村每年至少有400多人参与庙会的组织和表演，2008年，参与人员甚至达到了751名，表演团队有36个。

2011年，金村庙会被列入省非物质文化遗产名录，2014年又被列为国家级非物质文化遗产代表性项目扩展项目。从重建寺庙到庙会成为国家级非遗，短短20年，金村经济的发展也令人瞩目。金村的针织行业名播四方，从手摇横机走向全自动电脑编织机，金村涌现了四十多家工艺编织企业，同时也有涉及新能源、金属制品等新兴企业在金村发展。这些企业在庙会上也投入了资金支持。

从前父亲与乡亲们一砖一瓦重建永昌寺，如今的金村变得既熟悉又年轻，道路、河流、房屋一轮接着一轮地改头换面，金村正在成为一个美丽乡村的代表，从过去的田间空地、草台庙台到现在的盛会，四月初八成了金村人的节日，年年如此，不再缺席。

乐余风筝

扎一只缀满哨子的九串菱，等风来

风筝是冯家两兄弟玩了一辈子的玩具。

乐余被称为风筝之乡。如果要追溯乐余风筝的"血统"，还得从沙上围垦时期说起。处于长江下游出海口附近的乐余，由长江中的泥沙堆积成陆，不少苏北人越江来到这片"新大陆"围垦、生活。这些移民喜欢在江滩放风筝，也渐渐带来了扎制风筝的手艺和传统。乐余风筝类型众多，其中以拙朴粗犷、声音洪亮的大尺寸板类哨子风筝最有特色。这种风筝的特点就是"大"，不光外形大，一上天声势也大。

冯太根家的一楼，全部用来放置风筝。这些风筝确实是庞然大物，有些直径达到了2～3米，直立起来会顶住屋子的天花板，不得不倚靠着墙壁斜放，尺寸稍小一些的，结构也照样完整。这种被称为九串菱的风筝，从形状上看很像是9只八角形小风筝组合起来的，但实际上，这9只风筝又是经过竹篾交叉关联编织而成。竹篾被劈得薄厚均匀、宽窄一致，经过横连、斜串，最终做成9组八角72个三角形图案的九串菱。

更显眼的是一只只风筝上头缀满了的"哨口"。"哨口"是乐余风筝的最大特点。九串菱一旦放飞升空，这些大小不一、音调各异的哨口就会在风的作用下一齐发出声音，哨口声有的尖锐，有的浑厚。冯家两兄弟不断地用各种拟声词向我描述这些声音，"嗡嗡——""刷——刷——""哒哒哒——"……总之，当九串菱在天上时，方圆几里的人们都会抬起头来看见它，听到一曲悦耳的空中交响乐。

身为一个巧匠的自豪也在于此。看似轻巧的风筝，却蕴含着人们从孩童时期就有的理想。中国古代的哲学家墨翟曾经"斫木为鹞，三年而成，飞一日而败"，而后他的学生开始改良、制作风筝。作为娱乐的风筝始终代表了人们对天空的遐想，它自在、漂亮，当它飞上天空的时候，制作、放飞、观赏的人们谁不满心愉悦呢？

为了让我们能想象出九串菱升空的场景，两人把家里的"哨子"都拿了出来。大的哨子像巨鼓，要蹲下来用拥抱的姿势才能

冯太根家客厅的墙上，挂满了风格迥异、不同大小的九串菱。从少时看父母扎风筝，到成为乐余风筝制作技艺的传承人，冯太根大半辈子的时间都和风筝打着交道。

制作风筝上的哨口十分费时,葫芦的大小、形状,用刻刀开口的宽度、长度……都需要师傅精心挑选、计算。

环抱起来,小的只有栗子大小,要紧紧攥在手里,以防滚落到了角落难以寻找。

冯太根把小哨子拿在手里一甩,"呼——"的一声,哨子在瞬间发出了一声轻盈的声音。

这是一个哨子的一种音色,这些小哨子在风筝上黏成一排,就能发出高音齐奏的效果。我学着冯太根的动作也甩了甩,哨子却沉默了。冯太根笑了,他又甩了好几次,哨子在他的手中发出一个个清晰的音节,宛如他正在指挥着一场乐音的排演。

冯太根说起,他的父母是当地的能工巧匠,兄弟俩小时就看着父母做风筝,稍微大一点自己也学着做,一做就做到了现在。如今头发变白了,两兄弟的游戏却玩得越来越"大"。满屋子的风筝,都是两人灵巧的手艺与始终延续的童心。

做巨型风筝能带来成就感,兄弟两人做过一只大型的九串菱哨口板鹞,风筝的面积达到了 3.6 平方米,上面缀有大小不一的哨子 80 只。这只风筝为他们拿到了不少荣誉,在 2005 年江苏省全民健身运动会的风筝比

乐余风筝属于板类哨子风筝，其上布满了用葫芦或红木制作的哨口，哨口最小的不过黄豆粒大小，最大的一人都难以环抱。

赛中就拿到了地方特色风筝二等奖。

少年时爱玩的心性，时间久了，就成了老来的执着。遗憾的是，再漂亮、大气的风筝，也要凭借好风才能送上天，尤其是漂亮的九串菱，由于体重有二三十斤，要在五级以上的风中才能升空。过去每年春季，长江边上会刮起六七级大风，整个天空都回荡着浑厚洪亮的哨口声，现在放风筝的空地少了，每年放风筝的机会也变得珍贵起来。

冯太根两兄弟日复一日为了扎风筝忙碌着，拿风筝去参赛是他们做风筝的动力。在一个个平凡的午后，他们照旧谈论着天气风向，等待一阵好风来临，把风筝送上云霄。

超越地方戏曲的疆界

董红一天要忙的事情很多,其中包括与锡剧团的年轻演员谈心,关心他们有什么情绪是否会影响上台的状态;每天开早会点名;更多的时候她要去排练室看大家排练,没有特殊情况不能出现"叫场"(需要上场时出现演员不在的情况),每个人的手机一律静音,不能够影响排练。

整个锡剧团的气氛好似永远在一种青春的状态中。上午,当董红从剧场二楼走到三楼时,一个个房间正在井然有序地运行之中,资料室内分门别类保管着用于演出的道具和资料,办公室内刚收拾出了一批给演员的工位,乐队成员都聚在一个会议室抄写乐谱,演员则都聚在排练室。大楼内,时不时传来一两声乐器的声音、吊嗓子的声音。

作为张家港锡剧团团长,董红在20世纪90年代从戏校毕业,由上一任的老团长高惠法亲自带着,开始了她的锡剧生涯。少女时期的董红想做一名歌手,16岁时,因为唱了一首《我爱你,塞北的雪》走进了锡剧表演专业,来到张家港之后,她只有一个念头,要把戏唱好。她跟着剧团下乡演出,看到那些为了看戏特地赶过来的人们,有人提前五六个小时开始等候,有的人把鸡蛋和红枣往演员手里塞。虽然吃得简单,住得简陋,董红也逐渐理解了舞台之于演员的意义——传播美、传达爱。

作为儒雅的江南曲艺,锡剧在历史上有过辉煌时期,不过在现代冲击下,也难免遇到观众流失、表演程式固定的情况。在张家港锡剧团,这些痴迷锡剧的戏曲人,聚在一起希望打破这种局面。

董红对团内成员的要求是"精一门、会两门、学三门",说到这儿,董红也笑了,她补充道:"我也在学导演"。有着丰富舞台经验的董红,三十岁就成了国家一级演员,而一台演出的成功,需要的是演员、乐队、舞美方方面面的配合,董红希望不论是新人还是老人,彼此之间都能有一种默契,"我们是一个共同体,也要学会独自承担"。

"我们这一片土地很特别,"董红说。作为一个"拼"起来的新城,张家港赋予了

↑ 2018年,张家港市锡剧艺术团广场文艺周演出场景。摄影/肖顺清

↓ 锡剧在张家港市极受欢迎,每次艺术团下乡、进社区演出,无论男女老少,观众们早早便齐聚台下等待演出开始。摄影/肖顺清

↑ 每天，锡剧团的排练室都极为热闹，老、中、青三代演员在这里练功、排练、教学，四处洋溢着青春和欢乐的气息。

↓ 张家港市锡剧艺术团"年轻"而有活力，创作、上演了《一盅缘》《独角兽》《林徽因》等一系列独创剧目，传统的锡剧在这里焕发出了新的光彩。

张家港人刻苦、上进的价值观。这一点放在锡剧团中则变为：珍惜每一次的舞台，珍惜每一次与观众的相遇。

被叶圣陶称为"太湖一枝梅"的锡剧，到今天已经发展出多种板腔。通过通俗的语言和鲜活的生活气息，已经具备了承载各种各样题材的能力，张家港锡剧团把目光投向了发生在这片土地上的故事。

《一盅缘》是以张家港河阳山歌的长篇叙事山歌《赵圣关还魂》为原型创作的原创锡剧。在原作山歌中，全篇以几千句歌词讲述了赵圣关与林六娘这一对有情人，历经生死考验最终得以团圆的故事，而在《一盅缘》中，全剧以"茶遇""药会""拜庙""汤诀"这四幕戏的结构来讲述这个故事。他们设计了大量的舞台细节来表现情感的传递，董红所扮演的女主角林六娘，就在开场以一段山歌唱词奠定了整个故事的基调。同时，在二人初遇的时候，用搓移茶盏的方式来表现两人情感的互相吸引。

这个故事的情感也深深感动着董红。杜丽娘为梦中的情人死去，林六娘则为见过一面的情人叩遍吴山，一个为爱还魂，一个为爱奔赴阴间。这个源自河阳乡间的感人故事，经过锡剧团的演绎，重新走进了人们的视线。

2011年，《一盅缘》在上海公演，凭借着这出戏，董红在次年捧起了第22届上海白玉兰戏剧表演艺术奖的主角奖奖杯。她时不时想到那个"上海之夜"，一个本土的故事，被台湾、香港甚至东南亚地区的新加坡等地的观众所追捧、欣赏，在这样一个又一个夜晚，锡剧使不同出身背景的人产生了同样的共情。

锡剧可以拥有更大的舞台。作为一门地方曲艺，现在大多数人们的观点倾向于保存锡剧原汁原味的腔调，保存其地方文化的独特性，而董红却觉得，正是因为锡剧是一种艺术形式，它才有可能超越语言、国籍的限制，征服更多的观众。人们能欣赏古典的西方戏剧，也必然能欣赏讲述中国故事的锡剧。

在董红的办公室播放着剧团这些年的原创作品，其中有以林徽因为主角的《林徽因的抗战故事》，还有以依法治国为核心创作的《独角兽之夜》，这些锡剧都跳脱了传统的"才子佳人"模式，为锡剧在社会中的功能表达寻找着自我的定位。

表达者的能量就是艺术生命的能量。他们好似永远在一种青春的状态中，用董红的话说，"和一群志同道合的人在一起，和一群有梦想的人在一起，我们永远不孤单"。

永联村：
让农民在农村，创造现代新社会

撰文
孔雪

"去永联村"——这句话像个神奇咒语，初到张家港，只需跟司机说完这句话，一路上就可以听到不少这座中国富豪村的故事。永联人集中居住的永联小镇是一片江南民居建筑为底版的现代高标准住宅社区，富足规整之间透露着江南的婉约。

永联的故事并不长，但人们很难把永联与半个世纪前围垦建村时的那片长江荒滩联系起来。1970年，一千多名民工围垦出800多亩沙地；次年，692位最初"永联人"迁入。永联取意永远联合起来，共同进步，然而故事起初的关键词，却数年徘徊于落后、负债、穷困……

谁也不曾想到，50年间，一片晦暗色的滩涂会蜕变出工业化带动城镇化建设与农业现代化发展、乡村治理制度创新改革等领域的金色经验。"去永联村"，的确像一句咒语，因为这座苏南农村的历史既能满足对中国农村的过去有好奇心的人，更能刺激那些对其未来有想象力的人。

永钢，一家全国500强企业的"无中生有"

"住草屋，腌菜搭粥，吃粮靠返销，生产靠贷款，社员靠救济"；"好男不吃永联饭，好女不嫁永联汉"——四五十年前提到永联，张家港大多数人的反应是这样的。

这片围垦出来的江边贫瘠地，麦子种下去长不到一厘米高就不怎么再生长，地势低洼涝灾频发，移民村人心难凝聚，一度是苏南面积最小、人口最少、经济发展最落后的村庄。直到1978年夏天，一个带着装好饭的淘米罐、骑着自行车白天黑夜不停跑发展的身影来到永联，村子才真正开始苏醒。

时任永联村第七任村书记的吴栋材，带着村民打破"以粮为纲"，挖塘养鱼创利增收，让永联村有了第一口新鲜"呼吸"。紧接着第二个大变化，1978—1984年间，他带领村子建起织布厂、玉石厂、水泥厂等7家作坊式工厂，永联村在改革开放后走出了工业化的第一步。

发展的步子并未停歇。1984年，永联以一家从困窘中脱生的轧钢厂撬开了"以钢兴村""以工富民"的大门。轧钢厂的建立，源于听闻吴书记实干魄力被上门推销的一台二手轧钢机，然而当永联去县冶金局报批，却得到"无米之炊不予办理"的消极回复。瞄准20世纪80年代的中国农民普遍兴盖楼房带来的市场，永联村村民艰难自筹30万元，关停了仍在盈利的小工厂，仅用20天就将设备拉到村里破土动工，次年即实现1024万元产值。永联轧钢厂声名大噪，永联一举迈入张家港市十大富裕村之列。

嗅到时代将吹起的新风，克服当下的重重困难，第一桶金背后暗伏着一种永联精神。此后，轧钢厂每临时代危机，都能蛰伏新生。20世纪90年代初期，全国钢铁行业低迷，永钢"退潮织网"投资技术改造，在1992邓小平南巡讲话之后顺势扩大产能。次年，永钢集团公司建立，在20世纪90年代末发展为全国黑色金属压延加工业中规模最大的乡镇企业。

"1993年，我坐着小公交车沿着小石子路来了永钢做车床工，"车间生产班长葛恒能回忆，"那时永钢很小，3个小车间，一两千个员工手工操作，我的工号是879。"到2002年，随着永钢开始从单一轧钢厂开启自主炼钢项目，葛恒能随生产线调整调入车间管理岗位。

这一年，世界并不太平。亚洲金融风暴使钢铁行业走到了原料比成品贵的生死存亡时刻，永钢自筹资金10多亿元，用341天时间建成了百万吨炼钢项目，创造了中国冶金建设史上的奇迹，实现了从单一轧钢企业到联合型钢铁企业的跨越。2008年，全球金融危机又席卷全国经济，永钢抓住国家拉动内需的契机，开拓了江苏省外浙江和中西部市场的新销售增长点。

特钢部的高级产品设计师张新文，2013年加入永钢集团公司。他入职的前一年，主业亏损已开始在钢铁行业中蔓延，产能过剩问题日渐突出；后一年，环保措施执行力度加强，国内钢价一度跌至低点。面对行业困境，永钢的对策是实现"普转优""普转特"的产品提档升级。

张新文因此在2015年成为永钢的第一批产品工程师，在新成立的特钢部负责能源管坯类产品的研发。现在永钢在市场占有率达70%以上的明星产品，P91、P92能源管坯，就是其团队的研发成果。

技术研发是当代永钢的龙头部门。像张新文一样从事技术研发的人员目前有300多位，学历都在研究生以上。技术研发给永钢带来的，不仅是行业低潮期的转型驱动力、高利润、高知名度、高市场占有率，"它还让永钢人敢于冒险，去创造更高端的产品，争取更高附加值。"张新文说。

时至今日，永钢累计为我国基础建设提供了1亿多吨高质量钢材，每年钢材出口量近200万吨，成为国内高强度建筑用钢的技术创新者、标准引领者。产品广泛应用于城市建设、路桥隧道以及国内外知名建筑和重大工程，远销五大洲111个国家和地区。

钢铁，一国之重工。永钢诞生于江南水乡的永联村，在长江边从无到有，从小到强，带着大时代起起伏伏的烙印，传奇性地实现了一家全国500强企业且是民营钢铁企业的"无中生有"与持续壮大。

永联小镇，生于理想主义的现代江南小镇

"永钢像永联村的大儿子，他让一家人吃喝不愁，但永联接下来还有多少可能，还看她和其他孩子们的努力。"永联村股份经济合作社副书记蒋志兵说起老吴书记的这个比喻。

永钢是永联村历史的核心篇章，但非全部。作为母体的永联村至今充满活力，以景区级的住宅区永联小镇对外开放。发展得快到让人惊讶的永联小镇，得益于村历史上几个关键决定。

一是永联自1995年起响应"富村带穷村"的号召先后5次并村，以此突破了土地空间与劳动力瓶颈，面积由0.54平方千米增加到10.5平方千米，人口从八九百人增加到一万两千多人。

"9月13号，我记得很清楚，"翟惠英回忆起1995年首次并村，当时永联村已资产过亿，"随后变化翻天覆地，修路、减税等"。坐在永联书屋中的翟惠英指着窗外绿色步道环绕的人工湖，"这原是我们被并的村，以前是小河边上有人家，还有老式水码头"。首次并村，永联以八九百人，兼并了五千多人的两座大村。陆卫红则是在2008年并村时成了永联人，"大多数人很期待并入永联，从旧房拆迁到拿到永联小镇新房，就几个月，"之前的旧村现建成永联小学和新式住宅楼。

五次并村也曾遭遇杂音，如何化解老村民红利被均摊的抵触心理，需要人心与利益间的平衡。吴栋材在1995年就制定了三年完成新老村民的所有福利同步、老村民每人1万元一次性补贴的调整制度，在此后四次并村中坚持"进了永联门，就是永联人"的平等共富原则。在改革开放富起来的所有中国富豪村中，12000多位新老村民凝聚成的"永联人"概念，是这位带着共产主义色彩的理想主义者的决策结果。

他的另一个理想主义决定，奠定了永联小镇长久富足的基础。

1998—2002年间，全国乡村企业掀起从集体经济为主体的"苏南模式"向以民营经济为主体的"温州模式"改制潮。然而浪潮之中，吴栋材做了一个让不少人诧异的决定：捐出自己一半股份，加之几位高管也拿出部分股份，保留下永联村集体在永钢的25%股权。理由简单动人：永联村养育了永钢，如果永钢一次性地在改制中脱离了永联村，村民当年能拿钱，三五年后呢？下一代呢？

生于世纪之交的年轻永联人，当时并不知道这个与他们同岁的决策如何影响了上万永联人从此之后的生活。正是这25%股权，保证了永联村有持续财富分红。20世纪吴栋材充满理想主义甚至是共产主义的两个决策，像一位高深棋手，几步便定下永联村此后物质基础与人文精神层面的格局。

接下来的又一关键时刻，是2006年国家住建部推行"城乡建设用地增减挂钩"十点政策，永联以投资15亿元、占地600多亩的现代化农民集中居住区"永联小镇"推进了农村城镇化。村民迁入的不只是一座现代化、高标准的居住小区，他们还由此融入了都市化的乡村生活。小镇既有学校、医院、

↑　2002 年 3 月 8 日，永钢第一条线材生产线建成投产。摄影 / 黄智强

↓　2002 年是永钢重要的转折点之一，其从单一轧钢企业向联合型钢铁企业转型，开启了自主炼钢项目。
摄影 / 黄智强

农贸市场、商业休闲街等生活设施，又有剧院、水幕电影、游船码头等文娱设施，还配有网络电话、电子监控、周界报警等智能系统。

之后十四五年，以小镇为实验室，永联村实现了村企分离，又发展出一套完善独特的村民民主自治制度。

村企合一曾是苏南集体经济发展的成功经验，但敢破敢立的永联人在近十年内先后建立起永合社区、永联经济合作社两个治理主体。前者以公共管理服务均等化，解决创新型农村集中居住带来的新问题；后者则负责经济的增值保值、发展分配。

在永合社区的惠邻社工中心，一整面墙大小的网格化智能管理屏，滚动着可精确对应到住户与对应负责人网格长的数字信息，社区生活事件的上报、预处理和处理信息即时可见。高度信息化的基础，是完善的公共服务和公共管理。永合社区引入了银行、电信、邮政、工商、警务、城管、交管等七站

从一个仅拥有一台二手轧钢机的小厂，到如今位列"全国500强"的绿色花园钢厂，永钢乘着时代的浪潮，成就了一段不可复制的传奇。摄影／王苗苗

八所公共管理和服务机构，村民办港澳通行证等证件不需出村。

而服务与管理的畅达，依托于社区摸索出的一套基层民主体系：代表大会议大事、议事团议难事、楼道小组议琐事、媒体平台议丑事。此外村民还可通过"网上议事厅"等线上平台参与议事，从"永联村讯"APP及时跟进社区资讯。女性村民还能以"合女士"制参议女性主题事务。

层层制度如何一步步创建？永合社区管理层曾去台湾、澳门甚至出国到日本等地学习社区管理经验，再结合社区实际慢慢摸索。一万多人的社区，从熟人社会成为更为社会化的半熟人社会时，社区依然希望保持农村人情的关联，也因此才摸索出基层楼道议事制度。它最初是由一次高空抛物事件引发，这是国内任何一个大城市都难拎得清的家长里短，永合作为一个农村社区，竟能以制度创新与信息技术规范社区生活，着实体现了过硬的软实力。

↑ 江南农耕文化园于2010年正式开放，是国家4A级旅游景区，包括萌宠乐园、沙地寻宝、水上乐园等多个区域。图为农耕园中饲养的动物。摄影/王善华

↓ 农耕园中的萌宠乐园，放养了梅花鹿、羊驼、豚鼠、兔子等可爱的小动物，吸引着周边的亲子游客们前来游玩。摄影/王善华

另一边，永联村经济合作社的职能，不只在发挥好永钢每年的25%分红，还组建了苗木、粮食基地、水产养殖、物业、劳务公司与江南农耕文化园这些农旅产业。

"老吴书记有句话：什么'化'都不如老百姓有钱'花'。"蒋志超说。但永联不只发钱，从20世纪90年代就用各种办法盘活富余劳动力。如劳务公司输出的主力是"4048人员"，让上有老下有小的40岁左右女性与48岁左右男性参与初级劳动。再比如江南农耕文化园在创建初期并不赚钱，"但老吴书记是开心的，100多个员工都是永联人，让人劳动拿工资更重要"。

"永联的发展，最根本在于永联人的发展，"蒋志超说，"无论是企业还是社区，永联所有的现代化中最具挑战性的，是人的现代化。"所谓人的现代化，体现在具体而细小的努力中，如创造各种老年娱乐空间引导迁入小镇的老村民放弃种菜的执念；斥巨资换了多轮公厕水龙头，让村民习惯智能感应设施；在带全村人去2010年上海世博会游览前，认真做"排队礼仪"培训。

永联人要"富"有内涵。这一步走得比绝大多数中国乡村要远。蒋志超自豪地介绍永联有一支2800名志愿者组成志愿者队伍，22个志愿项目、30000小时年均服务时长，"有新项目需要志愿服务，一旦在APP上发布，名额都是秒杀抢"。

"日子只会越来越好，"陆卫红说，并村后她家分到2套房，自己也从个体户逐步成长为惠邻社工的网格长。更多可能，还在发生。以非并村形式在永联安家的"新市民"游霏蓝，在小镇创办了美育工作室兰亭书画。

"永联的孩子们对多元教育也有诉求，所以我创立了美术教育，打算长久做下去。"当中国社会最奢侈的软件——教育资源，从城市真正倾斜到农村之前，新的永联人正在试图给下一代人创造更多选择。

新永联：不像农村的农村，太过独特的范本

2020年两会，全国人大代表吴惠芳带着两份人大议案前往北京：关于建立农村集体经济组织信用公示的建议，与进一步完善废钢业务税收法规的建议。

这是永联五十年来始终坚守的两个向度，现代企业集团致力于营造公平合理的税收环境，探索行业发展空间；永联村则始终创新与完善乡村治理制度，一步步实现永联人对更美好生活的想象。

延续老吴书记曾提出的"小镇水乡、花园工厂、现代农庄"梦，十八大之后，永钢响应供给侧改革号召，延伸上下游产业链，已然在钢铁世界之外构建起一个建设、金融、物流、农旅等多元发展、多极支撑的产业新体系。

永钢展示厅陈列了近年永钢集团多元产业营收统计图，其中金融、建设版块的营收和利税都很夺目。农旅版块则是最能体现水乡情怀与现代产业理性逻辑融合共生的一面镜子。在现代规模化农业的"农"之上，永联对"旅"的探索亦走得快且远。

开放式的永联小镇建成后，2009年永联又规划建设了500亩的农耕文化园。它

以农耕文化为底色设计分区与景观，又在近几年更新升级。放养了矮马、狐獴、羊驼、松鼠猴、象猪等网红动物的"萌宠乐园"瞄定亲子游客群，沙地寻宝、水上乐园等年轻化的休闲娱乐项目吸引年轻人，林间树屋与怀旧自助土灶则满足了城市家庭休闲与企业团建的需求。少见的土灶配上乡村大圆桌，拾起柴火自己做饭，这个体验项目很是火热，客群一度辐射到距离张家港两三个小时的苏州、南通、上海等城市。

2010年农耕园首次开放时，周边大型休闲娱乐场只有一家苏州乐园，永联在乡郊区筹建园区是一个很有勇气的尝试。但它很快发现，单一景区乡村旅游无法做强，只有农业二三产融合，才能实现乡村经济转型并激活乡村旅游。"天天鲜"应运而生。这家成立于2012年的农旅版块主力公司，已将生态种植养殖、景观农业、产品加工、餐饮配送、采摘体验等多产融合，不仅在张家港开设了11家品牌商超，还开通了永联菜篮线上平台，建立了从基地采摘到社区专属快递箱配送一整条供应链。

一个现代乡村旅游综合体已然建立。这座国家4A级旅游景区，以荣获"全国文明村""国家级生态村"等荣誉的永联村为母体，涵盖了永联小镇、江南农耕文化园、永联垂钓中心、永联展示馆、美食街、金手指广场等景点，配合永联村各时节主打的节庆活动，如江鲜美食节、格桑花节、油菜花节等，吃货DIY、户外烧烤节等休闲项目，打造出综合多元的田园风情度假体验，年游客人次达100万以上。除吸纳劳动力增加村民收入，它还带动了村民创业，并与周边村镇分享了红利。最实在的一点是，永联人与游客共享着完善的基础设施和公共服务，小镇更宜居了。

"每年的中央一号文件和农村相关文件，村里管理层都要反复多看，"蒋志兵说。这是永联村常年积累的政策嗅觉，然其本质是"懂农民、爱农业、爱农村"，蒋志兵重复着老吴书记的话，"没这种情怀，事情就做虚了"。

一个不像农村的农村，神奇而大胆地以糅杂着城市与农村双重特质的面貌，如此出现在苏南，收获了太多荣誉与赞美。而它最让人动容也最朴素的一点，是在宏观的国家农村发展政策与基层普通百姓对美好生活的诉求之间，用不甚优越的底牌，打出了极具乡村智慧的配合局。

以永钢集团为代表的村办产业，以科技创新与现代经营理念，向着大世界远航；以永联小镇为核心的宜居社区，焕新了基础设施、公共服务与人心思维，在保有农村人情淳厚的同时，也在如何让农村农民成为当代社会价值创造主体、让他们自主自信地与更大的世界交流等层面上，沉淀了可贵经验。相较国内其他几个富豪村，这是永联村在人文底色上的显著特质。

它是一个太过独特的范本，其灵魂人物、时代东风难以复制，但贯穿其发展始终，那份对更美好生活的信念、对共建共享共富的坚守，在传统乡情与现代理性之间的制度平衡经验，以及以工业化带动城镇化的路径，仍足以为中国大地上万千农村注入生命力。

↑ 永联小镇与江南农耕文化园相连，打造出一幅现代江南水乡小镇的秀美图景。摄影/蔡春林

↓ 夜幕下，永联小镇灯火通明。在这座难以复制的美丽新农村中，村民们正在创造、实践一个现代新社会。摄影/许海斌

张家港精神，
是发展引擎也是人文底色

撰文
孔雪

来到张家港，别错过城市展览馆。在这里，你会不自觉地加快脚步，试图跟上这座长江边新兴港口城市自改革开放以来无间歇的大跨步。

就在 2010 年，曾任张家港市委书记的秦振华被国务院表彰为改革开放 40 周年 100 名 "改革先锋" 之一；同年，张家港位列年度全国综合实力百强县市第 3 位、全国科技创新百强县市第 4 位，并入选 "2018 中国最具幸福感城市" 等多个排行榜。此时，距离张家港精神的创始人秦振华使 "团结拼搏、负重奋进、自加压力、敢于争先" 16 字城市精神在全国声名大噪，已 23 年。

这份由改革开放催生的城市精神，已成为一张城市人文母体的独特名片，也是了解张家港当代史的一扇窗。它像一泓在时代脉动中汩汩而出的活水，激活了张家港发展的动能，亦蜿蜒人心间，成为百万张家港人认同城市文化与幸福感的深层渊源。张家港是幸运的，它精炼出一种骨子里的特质，不仅丰富了中国城市发展历史的血肉故事，也让我们对一座城市与开放时代共生共进的认知更具思辨意义。

雏形
杨舍精神，发源地典型截面

杨舍镇，张家港精神雏形杨舍精神的诞生地，是理解张家港精神的一份地域切片。

1976 年，作为沙洲县杨舍镇工作队副队长，秦振华负责管理县粮食机械厂和面粉厂。彼时十一届三中全会还未召开，秦振华已开始以求是谋发展，在政治氛围偏紧时提前契合了时代向经济建设上的重心转移。秦振华，1936 年在沙上出生。当时有句俗语，"三天不吃盐齑汤，脚骨囊里酥汪汪"，说的是沙上艰苦，物质贫乏，孩子们从小喝咸菜汤长大。秦振华从小品尝日子的穷苦味道长大，少年时就在基层历练中崭露头角，至中青年胆魄尽现。

1978 年，历史为亟待发展的杨舍镇与刚过不惑之年的秦振华制造了重合点：秦振华出任沙洲县杨舍镇党委书记。那时杨舍虽是县委县政府所在地，却环境脏乱，全年工业产值在苏州所有城关镇中最弱。大胆到颇具争议的突破，可写入城镇发展史的改变，即将发生。

第一场攻坚战是全面整治环境。秦振华要在农民市民混居、道路坑洼、蚊蝇纷飞的杨舍改建公厕,实行公共垃圾集中存放销毁。这项举动在今日城市公共卫生环境改造治理中理所当然,在四十多年前却因不符居民长久的生活习惯而遭到反对。秦振华没有退却,亲自坐镇蚊蝇飞舞的改造工地,大力度地在一个月后建成57座公厕,由此带动杨舍整体的环境改善与管理:建立专业机构镇环卫所、粪便集中无害化处理、生活用水与粪便用水系统分离,还在企业、居委会统一配置整治环境的人才与规划……

秦振华坚信,改建公厕之根本,是在现代城市中移风易俗,提高人的素质、提升生活质量。这背后还透露着秦振华对杨舍发展的敏锐嗅觉——1978年底,十一届三中全会召开,秦振华知道一场时代大戏即将开演,而要让杨舍登场招商引资,环境整治是突破口。

下一步,秦振华在尚数不出几家企业的杨舍镇展开调研,借贷、发动群众集资,一批镇办乡村企业由此创建或扩建,包括腈纶厂、染整设备厂、橡胶厂等。1985年,杨舍还创办了全镇最大的骨干企业,涤纶长丝厂。为在这一全新领域办一家技术含量较高的乡村企业,秦振华带领企业负责人赵中伟走访国内几十个企业院校科研单位,几经波折,最终成功纺织出了第一条长丝。这家乡村企业是此后主导、参与起草了国内纺织、化学纤维工业多项技术标准的龙杰特种化纤有限公司的前身。化工领域的华机集团、奶制品领域的梁丰牛奶等企业,也在秦振华的支持下,从被"逼上梁山"到有所突破,从四处考察学习到经验落地发展壮大。

至1988年,杨舍工业化已起步,还曾拿下苏州市乡镇国民GDP的第一名。人们给了秦振华"秦大胆"的雅号,也总结出"杨舍精神":为官一任、造福一方,顾全大局、乐于奉献,扶正祛邪、敢于碰硬,雷厉风行、脚踏实地,严于律己、以身作则,自加压力、永不满足。

与其说这是一种精神,不如说是一个动词。秦振华拿着大扫帚跟干部群众一起整治环境的照片至今常见于城市展览中。他的工作台上总摆着厚厚的日历,连节假日、周末甚至大小年夜页上,都写着工作事项。

秦振华,一个个性鲜明到极致的人物,在杨舍投入14年,以一座20世纪七八十年代的苏州明星乡镇,为杨舍交了时代答卷。

鼎盛
1992年,发光的时光切片

1992年,历史给了张家港新的命运;将一座待兴港门新城的未来,交到一个敢想敢做的灵魂人物手中。

这年,56岁的秦振华出任张家港市市委书记。五十而知天命,然而面对一个刚撤县设市6年、经济总量在苏州县市中落后的新生城市,秦振华的步子只能更快。

秦振华的出任并非没有杂音,几乎从杨舍时期的大胆大干开始,不理解的声音与善意的担忧便始终存在,但这些没有影响秦振华的硬干风格与坚定信念。上任后第一次市委常委会议，他又喊出一个让众人振奋又带着惊诧的口号"工业超常熟，外贸超吴江，城市建设超昆山，各项工作争第一"。然而不少人担忧秦大胆要"闯祸"。吴江出口名列全国县域榜首，紧邻上海的昆山已形成工业化城市格局，历史悠久的常熟经济实力则是苏州六县市第一。秦振华却坚信张家港港口将是带动临港经济的金喉咙，必会将张家港长三角的腹地、水陆交通优势发挥得淋漓尽致。

"以港兴市、以市促港"这一战略，从1986年撤县建市就已提出，秦振华上任后，则将其作为重大战略，落地实施。为了下好这一步险棋，秦振华带领领导班子与企业负责人走访深圳、中山、珠海等改革开放过后国民流动大潮目标地，参观考察共计7座城市21家企业；就在同年，邓小平发表了1992南巡讲话，其中"改革开放胆子要大一些，敢于试验……看准了的，就大胆地试""多搞点三资企业，不要怕""抓住时机，发展自己，关键是发展经济"，让人振奋不已。

一座港口新城正要扬帆出发，一国之发展重心恰好转向。若说杨舍精神乘上了十一届三中全会后重心向经济建设转移的东风，南巡讲话则直接催生了张家港精神。1992年，秦振华在南巡讲话之后，将杨舍精神果断提炼为更精简有力的十六字张家港精神"团结拼搏、负重奋进、自加压力、敢于争先"。这之中，"团结拼搏是前进的基础，负重奋进是前进的要求，自加压力是前进的动力，敢于争先是前进的目标"。

张杨公路，一个传奇性的工程，就始于秦振华在广州回张家港的航班登记之前的一通电话。这条全程33千米，双向6车道，70米路基，50米路面的高等级公路，投资三亿元已超市里一年财政收入，还涉及拆迁、勘测设计、施工以及在全国建设高潮期备料等难题，然而秦振华还是按下了开始键，并且要求原本将三年的工程期缩减到一年半。七支施工队，三千名工人，260多台大型筑路机械和运输车辆，日夜不停。1993年8月盛夏，张杨公路全线贯通。这条东西向交通大动脉，与张家港港口接轨，贯穿了沿线各个省级高级开发区和乡镇，拉开了城市发展的框架，也是实现城乡一体化的重要一步。

紧接着，又是一场硬仗："抢夺"保税区。当国务院特区传来消息将建设长江内河港保税区，张家港乃至整个江苏都在谋划保税区的浪潮中，提出全力拼抢沿江码头和保税区建设。保税区因精简出口企业的进口手续而降低了产品出口成本，这样的投资热点地区在当时国内仅批了上海外高桥、天津港、深圳沙头角等五个，并未有内河港建设保税区的前例。作为一个立市才6年的县级市，"不可能"像是既定的标准答案。

制定规划、申报选址，从找苏州领导口若悬河地论述张家港港口的优势，到带领多名干部进京主动召开汇报会介绍"三超一争"、以港兴市的发展构想，秦振华在谋划保税区的同时，还在考虑港口开发权，让张家港自主负责一段长江岸线，大胆走国际化道路。

"市场经济不让人，不争不抢是庸人，错过时机是罪人"，这是秦振华反复多次鼓励人心的口号。又一次，在秦振华百般努力下,张家港争取到了全国第一个长江内河港口的开发权。在正式公文下达之前,秦振华下令提前开工,160天,长江边的一片芦苇滩变成长江流域最大的万吨码头,9个月基本建成保税区,当年实现封关运行。此后120多个含世界500强和国内大型央企在内的项目,如东海粮油、陶氏、雪佛龙等项目进驻保税区。

1992年,张家港发展史的一个发光的时光切片。这一年尾声时,张家港工业产值已达220亿元,实现了对常熟的历史性超越,外贸出口总量超过了吴江,城市建设则拿下全国第一个卫生城市称号。以港兴市,这一港口工业城市发展战略,真正被激活。

1995年,中央宣传部、国务院联合在向全国推广"一把手抓两手、两手抓两手硬"的张家港经验。张家港精神从此闻名全国。"我们的时代需要张家港精神",彼时人民日报、光明日报等都曾在头版头条刊发报道。但在赞誉与参访热潮中,张家港则对标上海,前去考察寻找发展差距。1996年起,张家港在苏南地区较早推行了企业产权制度改革,建立现代企业制度,大力推进资产重组,一大批企业脱颖而出。

沈文荣,与秦振华并列张家港20世纪90年代亮眼的双子星之一,就在此时开始带领沙钢,从一家扎棉花厂集资而成的小轧钢厂出发,初试市场经济的风浪。1991年,沙钢从英国引进国内第一条短流程连铸连轧75吨电炉生产线,完成了连铸连轧设备融为一体的集成创新,被当时冶金部副部长周传典称为"我们冶金工业第三次革命的样板",也开启了沙钢在引进中自我创新的道路。此后,1993年从美国、德国、瑞士引进90吨超高功率电炉轧钢线,建造了亚洲第一炉;1994年,与国内浦东、青岛、宁波等强劲对手竞争,一路奔波去争取各个层面的批文与支持理解,终于与世界第二大钢铁公司韩国浦项合资兴办冷轧不锈钢薄板、热镀锌板等四项综合工程;1998年,转向科技创新,提出"三年再创一个新沙钢"的口号;2002年,投入60亿元收购德国老牌克虏伯钢铁企业的设备,从莱茵河到扬子江的万里搬迁并完成自主升级改造,形成一百万吨不锈钢圈板生产能力。沙钢一步步跻身中国、世界大钢厂之列。

澳洋集团、骏马、华尔润玻璃等一批民营企业,也以市场为导向、资产为纽带实现资产重组,这一批企业矩阵在张家港经济总量中的贡献日益增大。他们在早期发展阶段没有国家投资,也少有政策利好,或主动或被迫地探摸市场经济的脉络,争取发展主动权,并及时转型走科技创新的路。他们的理念中没有"满足"二字,与沈文荣交往颇深的传记作家沈石声,曾引用沈文荣挚友倪德麟的话形容其特质:像海绵一样吸取新理念、新技术,又像一台计算机迅速处理为己用。

20世纪90年代,张家港"抢"到了保税区、保税物流园区、扬子江化学工业园、冶金工业园,一大批外资项目和基础设施项目,也争得多个辐射民生、基础建设、经济等领域的第一:第一个外贸进出口权的县级市、第一个全国卫生城市、全国第一个高标准的长江百里江堤、全国第一个实施城乡社会保障统筹……

从苏南边角料，到明星城市的跨越，让一座异军突起的锐意新城及其精神迅速地成为一个全国典型。此后张家港虽在宏观环境偏紧时，站上了风口浪尖，但时代弄潮儿以发展实绩回应，从而能拨开杂芜横蔓，抓住改革开放的主流，专注于大时代里最有价值的关键。正如秦振华自己对张家港精神的解释："一股正气，一股敢作敢为、艰苦创业拼抢的正气，一股身正其正、扶正祛邪、贴心为民、什么都不怕的浩然正气。"

当代
港、产、城深度融合的创新型城市

三十多年后，沙钢已成为中国最大的民营钢铁企业，连续多年跻身世界500强；澳洋集团入选中国企业500强；华尔润玻璃产销总量连续十余年位列国内同行业之首。张家港形成了一个集大型企业集团、骨干企业和青年企业组合的地标企业矩阵，影响辐射国内外。张家港保税区构建了保税区、保税港区、整车进口口岸、扬子江化工园、环保新材料产业园、双山香山旅游度假区等多元载体发展格局。而在城市发展大格局方面，张家港形成以"三大两强"为特色的经济发展格局，"三大"即大产业、大企业、大港口，"两强"即先进制造业和现代物流业。

在城展馆中，未来城市的发展目标是：国际先进的临港制造业基地、全国性专业物流贸易中心、长江下游重要的交通枢纽、长三角心性的文化生态旅游节点——这将是一座长三角枢纽之上的港、产、城深度融合的创新型城市。

经济牌是张家港发展的王牌，但从1992年起，秦振华用张家港精神打出的是改革开放以来，中国城市综合发展的组合牌。

张家港早有惯例，市委书记同时兼任市文明委主任，"两手抓两手硬"的经验让经济快速发展的张家港多年蝉联全国文明城市，并在全国首创"志愿服务伙伴计划"、书香城市建设指标体系、网格化公共文化服务等推动公共文化服务普惠均、立意城市人文精神的创新举措。生态文明方面，张家港收获"国家环保模范城市""中国人居环境范例奖""国家园林城市"等称号。这背后，是政府投入30多亿元整体关停东沙化工园，腾退土地发展新兴产业和服务业，实现生态建设指标具体化等努力。无论是物质与精神抑或是生态层面的发展，在张家港都不分城乡地惠及公众，以工业化为牵引带动城镇化建设的永联小镇便是代表。如今已是4A级景区的田园风情小镇，创造了农村公共服务与江南水乡舒展生活的非典型组合。

就在张家港精神在港口新城前行的同时，自1997年退休后，秦振华开始在相对落后的中西部与苏北宣讲张家港经验，足迹遍及青海、内蒙古、新疆、云南等地。他以经济舱或是硬卧这样的精简出行，把精神输出落地为张家港企业向中西部的资本输出与项目投资。

自20世纪90年代以来，张家港精神在本土也经历了随新时代发展的更新，"拼搏、进位"，"巩固、提升"，"统筹、协调"，先后融入这一精神母体。就在2019年，张家港在一次誓师大会上喊出了新时代的"三超"。作为苏州制造业的一方重镇，未来张家港还将融入苏州整体发展中放大城市格局，打造世界级产业集群与先进制造业集群。

苏州本就是一个复杂而迷人的城市，人文风韵悠长婉转，经济发展势头迅猛全国瞩目，在改革开放后沉淀出了"张家港精神""昆山之路""（苏州工业）园区经验"三大法宝。张家港作为后起之秀，其精神特质在于包容了富有棱角的活力生命、敢想敢拼的个体传奇，如秦振华、沈文荣这样有着鲜明个性的领航者。尤其在 20 世纪 90 年代中后期，有魄力的当政者与有雄心的企业家，在开放包容的时代大环境中有了默契的交汇共进。作为一座诞生在沙上的新兴港口城市，它带着突破奋进的草根气质，没什么尾大不掉的历史负担，更能以飒爽的胆魄自强善谋，随着改革开放的日益深入，市场经济体制日趋健全，在开放理性、充满可能的新时代，去突破框架、追求创新、迎受试炼。将这样一个城市传奇置于 20 世纪 80 年代以来的信息技术与新材料各种技术浪潮之中，以及 20 世纪 70 年代以来第三次城市革命这些大背景中，我们能清晰地看到现代城市的发展更具个性，也更有挑战不可能的潜质。

与时代相互成就，为时代所需要，也为时代所包容。张家港精神印证了改革开放这股时代东风的巨大能量，亦显示了一个开放时代的包容空间。故事讲罢，终究是旧事，但这座港口城市向前的脚步从来不会停止。带着鲜明引擎色彩的精神特质，像一个始终在追风的人，或许奔跑的姿态会愈发从容，而步伐始终不会停止。

供图 / 视觉中国

地道风物

张家港是一座旧地新城。南部古陆物产丰盈,饮食中带着江南水乡的精致情趣;北部"沙上"仍不断积涨,随移民而来的各地风味,与本地食材相结合,烹饪出了独特的沙上风味。

融汇百味,港城的风味人间
还有江南风物否,桃花流水江鲜肥
蛼螯豆腐:细小家常鲜,最润港人心
高庄豆腐:南地北做,卤水点化的柔韧与嫩滑
沙洲优黄,饮一壶江南风情
港城的清晨,从一碗焖肉面开始
糕团里的港城
拖炉饼,烤制出的酥脆香甜
蜜桃上市动港城

融汇百味，
港城的风味人间

撰文
闫超健

长江变幻莫测，曾涌现出无数沙洲，或淹没于江底，或与南北陆地连成一片。张家港，这方长江之滨的良田沃土上，一半古陆、一半新沙，一方"江南"、一方"沙上"，江南的精致与江海的磅礴在此欢聚一堂。

作为一座县市成立不足百年的新城，这里曾常熟与江阴参半，苏州与无锡并存，吴越文化"海纳百川，兼容并蓄"是港城的底色，"拼搏、奋进"是张家港人的精神与性格。

如此质地和性格之下，张家港这座城市以千百年来古暨阳、古梁丰的传说为底料，蘸着苏锡两地、大江之南北的人情，复杂而又迷人的芳香中，融汇百味，造就了洋溢着港城独一无二韵味的风味人间。

张家港，这座连续多年位居"全国百强县"前列的滨江小城，原有古陆地面积并不大，曾经地处江海交汇之处。后来，由于长江下游地转偏向力的作用，北岸不断遭受江水的冲刷，南岸却由于沙泥淤积形成了一片片沙洲，加上历代围垦，终究洲洲相连，形成了现在的市域。而张家港的原名"沙洲"，这个像是地理术语的名字，却蕴含着这方土地成陆的历史。

自古以来，港城人依江而生、向江而生。在这片不断积沙成洲土地上生活的人们，最初来自四面八方，他们说着南腔北调，带来了各异的移民文化，如今成了张家港土地上极为显著的特质，这不同于大多数江南之地，也迥异于江北小城。

张家港地处江尾海头，江中丰厚的水生资源，必然引人垂青。江水裹挟着泥沙在这里堆积出厚厚的河床，江水与海水交汇处，各类微生物丰富，是各种鱼类生长、洄游、繁殖的最佳地段，所以这儿的江鲜也都体壮膘肥、肉质鲜嫩、营养丰富，最为人称道的便是"长江三鲜"——鲥鱼、刀鱼、河豚。

港城人的性格，在江鲜的吃法上足可见一二。"佳品尽为吴地有，一年四季卖时新"，"不时不食"的时令饮食传统，在这里格外讲究。不去鳞的鲥鱼，古法蒸的刀鱼，红烧的河豚，还有斩成大块、浓油赤酱烧出来的鮰鱼等，若一网上来实在鱼目混杂了，就干脆来上一盘"长江杂鱼"。若是恰逢春季，偶得一条溯江而上的肥美刀鱼，或清蒸，或红烧，或将鱼肉馅包成馄饨，甚至这刀鱼的刺经过精心烹饪，都可以变成一道美味。港城的各种江鲜美食之中，既有江海的激情奔放，也藏水乡的温和恬淡，无处不透露着张家港人的双重性格。

春有刀鲚夏有鲥，秋有蟹鸭冬有蔬。说起江南的蟹，更多人所知道的是阳澄湖大闸蟹，而在张家港，最为出名的当属江边的小蟛蜞。张家港沿江滩涂宽阔、芦苇丛生，便是蟛蜞的乐园。人们将捉来的蟛蜞洗净，去壳去鳃，用酒、姜、盐腌两天，可生吃；也可以只取前面的两只大螯，或糟或腌或卤，带壳嚼了吃，是下酒的好菜。

关于蟛蜞的吃法，张家港最为独特的，是不放豆腐的蟛蜞豆腐。把蟛蜞去鳃洗净整个捣碎，用滤布把壳滤掉，只留汁。在汁里加一点蛋清，搅匀，放到锅内一煮，蟛蜞肉就凝结成絮状，状如豆腐花。端上桌前，再点缀点小葱末，滑、嫩、鲜的蟛蜞豆腐，煞是诱人。

向江而生的张家港人，性缓而持久，厚积而薄发，所以也就有了沙洲优黄。有着鲜明江南水乡特色的黄酒，半干半甜，醇厚爽口，就着后塍的羊肉，再配上点螺蛳、茴香豆，一口灌下去，江南的柔美甘甜回荡在口中、心间。

依山傍水的地貌，孕育出了许多独特的物产，可以用吸管吸的凤凰水蜜桃、高峰茶厂状如大雁的白茶、常阴沙农场的大米……都是本地人不会错过的舌尖之享。

如何定义"张家港味道"是个难题，因为它的味道里，不止"江南"和"江北"。张家港作为移民城市，这些来自不同时期、不同地方的移民，从根本上造就了"张家港味道"的显著特质——多元与融合。

如蟛蜞豆腐般，张家港因为先天的物产馈赠以及后天的文化共生，产生了不少隐于市井但堪称一绝的味道，沙上豆瓣酱、杨舍拖炉饼、塘桥蒸菜、鹿苑草鸡、高庄豆腐、弄里芹菜、面拖蟹、海棠糕等。人文气息浓郁的苏帮菜与追求本味的淮扬菜在这里共存共生，得天独厚的地理环境所盛产的食材，让这片土地上的人家，能依循各自的文化记忆，衍生出"一物各献一性、一碗各成一味"的特色。不同的民俗，不同的文化，融汇"百家"，最终形成了独成一派的港城"本帮菜"系。

江尾海头的张家港，复杂的方言体系，折射出了这座城市的迁徙文化，历经一代代人的沉淀，演变成了如今的张家港味道。

张家港味道，一如这座城市的前世今生，源自八方、融汇江海，终成一味，各守一道。在这里，南腔北调，造就了港城的风味人间。

还有江南风物否，
桃花流水江鲜肥

撰文
江珊 杨子才

插画
林天意

摄影
蔡春林 等

从青藏高原到东海之滨，长江日夜奔涌，浩浩荡荡。张家港地处长江之尾，不同于上游的江水拍岸，汹涌澎湃，即将入海的茫茫大江，水深岸阔，风平浪静。这样的环境最适宜江中洄游的鱼类产卵，是故张家港的江鲜尤以质优量丰闻名。

张家港人对春天是最为敏感的，每到春汛时节，从雨水至清明，谷雨接立夏，河豚、刀鱼、鲥鱼就依次从东海雌雄相伴、溯流而上，来到江边产卵。此时的江鲜最为丰腴饱满，正当赏味佳期。

"春有刀鲚夏有鲥"，如果说对于海鲜的痴迷总显得略带生猛市井，那么对于江鲜的追逐则多了一种文人的气韵。相传将河豚白子称作"西施乳"的吴王夫差，贪吃河豚甚至"消得一死"的苏东坡，食刀鱼"至果腹而不释手"的李渔，"岁暮何堪再惆怅，且持卮酒食河豚"的鲁迅……江鲜的肥、软、细、白、鲜、嫩，丰腴而雅致，让文人骚客们既饱了口腹之欲，又多了一重身心滋养。

河豚自羡江吴乡，梦绕西施乳

春江水暖之时，青竹掩映，桃花乍放，河滩边芦苇绵延，正是品尝河豚的好时节。河豚身体呈纺锤形，腹部雪白，脊背青黑，间以黄色花纹，没有鱼鳞却有尖刺。虽然遇险时，河豚会吸气使自己膨大数倍，以起到震慑天敌的作用，但这恰恰也是因为河豚本身体积并不大，最多也只有七八寸而已。

渔民捕捉河豚有特殊的方法，需用特制的滚钩，长二寸许，伞骨一般粗细，用长逾一米的细麻绳，经桐油浸渍，穿眼扣系，集钩成束，集束成排，垂于江中，上浮数十只油葫芦。待得河豚上钩，便难以逃脱，愈是挣扎，周围的滚钩就愈扎紧，只得乖乖就范。

"拼死吃河豚"并不是一句玩笑话，长相带着三分滑稽的河豚，却蕴藏着致命的危险。早在春秋战国时期，文献上就已经有了食用河豚的记载。《山海经》中有云："河豚有大毒，味虽真美，修治失法，食之杀人。"

刀鱼形似银刀,体态轻盈,重不过半斤,每年清明前后,自海游入长江,曾是港城人春季最不可错过的美味珍馐。

河豚

民间自古有"拼死吃河豚"的俗语，足见其味美，使人们即使以身犯险也要一尝。港城人常将其与草头同烧。

即使需要以身犯险，河豚也无法阻挡食客的脚步。宋《明道杂志》曾称颂它为"水族中之奇味也"。这等顶级的诱惑永远叫人欲罢不能。正因如此，只有经验丰富的资深大厨，才有宰烹河豚的资格。用手套武装双手，小心翼翼地剪开河豚尾部，将血液放干，依次去除肝、肾等内脏，剪去脊背、尾脊、筋膜等剧毒部位，再扒下整张鱼皮。下刀须得极谨慎，倘若一不留神剪破，染污了河豚肉，后果不堪设想。

细致地宰杀解剖只是处理河豚的第一步，随后则需要用流水漂洗鱼肉多次，才可下锅烹饪。过去，厨师为了让食客安心，还会在上菜前先试吃，过得片刻，倘若全然无恙，才可装盆上菜，以示无碍。

烹煮河豚时会飘出一股奇异香味，可达方圆半里而不散。大火和文火的交替焖煮，使得河豚中的胶质化入汤中，浓稠的汤汁油润红亮，包裹着酥嫩如豆腐的鱼肉，鲜美至极。河豚鱼皮则富含胶原蛋白，软糯肥美，滋味赛过甲鱼裙边，有养胃健脾之功效，但须反卷着吃，以防表面细刺扎口。

河豚常与草头一起烹煮，张家港人称之为秧草，这种曾被当作饲料的野菜，其实口感极为鲜嫩，饱吸了河豚汤汁之后，鲜上加鲜，滋味更胜过河豚鱼肉本身。河豚还可以氽汤，或者做成冰镇刺身，鱼肉薄如蝉翼，汤汁洁白浓厚，吃的就是河豚的本味。

河豚的鱼子有剧毒，倘若不慎误食，会在肠胃中膨胀如豌豆，导致大出血而置人于死地。因此鱼子须得积少成多，腌渍风干，于隆冬时节下锅蒸煮整整一宿，待

刀鱼

以香菇片、火腿片、笋片为辅料，仅以少许盐和米酒调味的清蒸刀鱼，最能凸显刀鱼的鲜美滋味。

到次日天明揭锅，香气扑鼻，乃世上少有之下酒菜也。

鲚鱼幻作银刀状，匕箸尚飞霜

"春潮迷雾出刀鱼"，清明时节，随着春雨纷纷而来的,是洄游至长江的刀鱼群落。每年春天刀鱼从大海游入长江产卵前，需要囤积大量脂肪待途中消耗，此时的刀鱼，从东海中带来的盐分已然荡涤殆尽，又被淡水充分滋养浸润，恰逢妙时。

刀鱼身形窄长，酷似一柄银色利刃，身体轻盈，不过半斤许。五代的文人毛胜曾赋予其"白圭夫子"的美名，更将其比作美男子，赞其"貌则清癯，材极美俊"，起了个"骨鲠卿"的雅号。当鱼儿成群结队地洄游至长江入海口时，整个江面都泛起粼粼波光，蔚为壮观。

刀鱼乃是春馔妙品，鱼肉入口即化，腴而不腻，而滋味则长留唇齿之间，久久不散。难怪文人李渔曾在《闲情偶寄》中说"河豚做法繁复，尚有性命之虞，食之可，不食亦可"。而鲥鱼等其他诸般鱼类也总有吃厌之时，他唯独对刀鱼一往情深，百吃不厌。

明前的刀鱼最是肥美，清蒸自然是还原江鲜本味的最佳方式。将刀鱼宰杀后，不可剖腹，而是用筷子从鱼口绞出内脏，不刮鱼鳞，辅以细葱三根、薄姜二片，只需加少许盐和花雕增香提味，随后上笼蒸制，出锅后淋上明油，凸显其原汁原味。

身形略小的刀鱼，如用清蒸方法烹制，端上餐桌也许略显寒酸，而将其鱼肉剔出，和叶菜一同剁碎成馅，包入不加碱水的馄饨

时鱼
鲥鱼

银白皎洁的鲥鱼，自明清起，便被列为朝中贡品，备受王公贵族追捧。传统的香糟蒸鲥鱼，选上好火腿、鲜笋切片，与洗净未去鳞的鲥鱼同蒸，出锅时，香气扑鼻，银光闪烁格外诱人。

皮中，则吃起来同样可以过瘾。制作馄饨馅选用的刀鱼，要挑早春出水的鲜货，以相对更为肥硕的雌鱼为佳。洗净后用刀从头部往尾部剔骨，然后将鱼肉搅打上劲，制成细茸。与之相配的是江南人最中意的早春野菜——荠菜，最好选当日清晨割下的头茬，以帮清搅拌，使"三鲜"合而为一，令人垂涎欲滴。

刀鱼鱼刺绵密，为了避免鱼刺卡喉，人们想了诸多妙法：用快刀刮取鱼片，用钳抽去其刺；将鱼背斜切，使碎骨尽断，再下锅煎黄；先剥下刀鱼皮，再将已去掉刺的鱼肉与头尾拼成一条鱼的形状，再覆上完整鱼皮；将刀鱼用竹钉钉在木头锅盖内侧，待锅中水沸之后，揭开锅盖，雪白的鱼肉如过江之鲫，而锅盖上只留鱼骨……可谓是费尽心机，花样频出。

明前刀鱼雄性多，体型大，脂肪多，肉质饱满，骨头酥软；到了明后刀鱼繁殖完毕，雌性居多，体型小，脂肪少，骨头也变硬了。因此谚语中有"明前鱼骨软如绵，明后鱼骨硬如铁"的说法。清明后的刀鱼，鱼刺渐硬，虽不及明前，却可以剔骨后切成小块，稍作勾芡后下油锅滑炒，再加入青菜和米饭一同炒匀，就是一碗热气腾腾的刀鱼菜饭了。剔出的鱼骨自然也有妙用，裹上椒盐下入油锅，便是一盘金黄酥脆的下酒小菜。

鲥鱼如雪乡味美，能不梦江南

每年初夏之时，鲥鱼入江产卵，准时而守信，故称"鲥鱼"。鲥鱼鱼身银白皎洁，如同散落在江中的月牙。自明清起，鲥鱼就已经列为朝中贡品，王公贵族酷爱品尝鲥鱼。

用中华绒螯蟹烹饪的面拖蟹，曾是港城人家钟爱的一道美食。螃蟹炸的通体红润，外层包裹着的面皮浸润了蟹膏的汁水，鲜香味浓，令人回味。

《金瓶梅》里应伯爵形容得巧妙："吃到牙缝里剔出来都是香的。"鲥鱼离水片刻便死，地方上负责进贡的官员便将鲥鱼冰封在熟猪油里，由快马加急送往皇城，成就了"白日风尘驰驿骑，炎天冰雪护江船"之奇景。

鲥鱼极为娇贵，柔如银衣的鳞片一触到渔网，便立即拼死，极为刚烈，因此也被叫做"惜鳞鱼"。昔日春时，江面白帆点点，四面八方的渔船云集于此。饕客们为了吃到最新鲜的美味，往往是让渔家现捕现杀。一时之间，品尝出水船鲥之风盛行，食客或是在江边人家，坐等刚捕捞上船的鲥鱼下锅，或是泛舟江上，由渔民将活水煮活鱼，一刻也不耽搁。

本地村民还有在端阳节吃鲥鱼的风气，以此欢庆夏麦丰收。这天，渔民们纷纷挑着刚起水的新鲜鲥鱼沿村叫卖，送上门来，家家都会挑上一条一二斤重的新鲜鲥鱼于中午烧煮着吃，或清蒸，或红烧。午饭时候，整个村庄上空都飘散着鲥鱼特有的鲜味。

鲥鱼鳞下富含油脂，不可舍弃，《本草纲目》中记载，用鲥鱼油敷涂烫伤之处，有奇效。鱼鳞弃之可惜，可以将其刮下后，漂洗干净。放入纱布袋中，置于盘边与鱼肉一同蒸煮，油脂慢慢渗出，肥美滑腻异常。

传统的烹饪方法，是将上好的火腿切成薄片，镶嵌在鱼身划开的浅浅刀口之中，覆盖上清甜的酒酿，与肥嫩的鲥鱼口感相得益彰。旺火蒸制一小时后出锅，热气氤氲，银鳞闪闪发光，入口即化，鱼肉鲜嫩温醇，脂膏肥沃，连每一片鱼鳞都叫人黯然销魂。

现今还有网油烤鲥鱼这道名菜，腌制入味后的鲥鱼，腹内填入各类香料，再被猪网油包裹后，放入炉中烤制，便可做到水分不

↑ 1976年,三兴十一圩渔业队鲥鱼丰收盛景。当时每至渔汛期,一条小木船每天就能捕获数百斤鲥鱼,每条鱼包装后将会在24小时内运至日本。

↓ 1983年,长江乐余段渔民捕捉刀鱼场景。港城曾盛产刀鱼,但因多种原因,今已难觅踪迹。

失而脂香浓郁，鲜嫩可口，猪油丝丝缕缕地渗透到鱼肉纤维中，堪称天下至味。

沙洲江鲜可斫鲙，笑引杯行长

其实除了这些名贵的江鲜，张家港的其他水产虽未负盛名，滋味却也并不逊色。张家港人从小常吃的红烧杂鱼，囊括了鲈鱼、鳜鱼、白吉、白丝、长春鳊、豆腐鱼、小毛刀……品种繁杂，滋味鲜美。

鲴鱼肉质白嫩，鱼皮肥美，无鳞无毒又少刺，不及长江三鲜矜贵，却同样味美。鲴鱼可以红烧、清炖、焗烤，百样皆宜，与蒜瓣一同焖煮，便可去除土腥味。鲴鱼的鱼唇和鱼腹最为膏肥脂厚，入口下肚，软糯滑润，这道普普通通的家常菜，也可胜却人间无数。

"黄梅过后白鱼跳"，农历五六月的黄梅天，是白丝鱼登场的时节。据说，黄梅季节捕捞出水的白丝鱼，富含脂肪的鱼鳞下，会分泌出银白色的黏稠汁液，使得鱼肉洁白细腻，滋味鲜美细嫩，堪比螃蟹。白丝鱼嘴巴微微上翘，得了个"翘嘴鱼"的诨名，它个头庞大，牛性好动，性情暴躁，喜欢在水面上穿梭抢食，又善于跳跃，因此肉质尤其紧致，鱼肉纤维细长，入得口中，更有回甘，别有一番风味。

还有一种长得名副其实的"猪尾巴鱼"，因为鱼鳞少，从江中甫一出水，全身泛着油光。此鱼生性好食，极易捕捞，咬钩后活蹦乱跳，故此有了个"愣蹦鱼"的诨名。垂钓者往往只需用木棍做竿，以鱼肠做饵，不消多时，便可满载而归。传说中此鱼曾救过龙王性命，龙王特许其一年生长一尺，不久却反悔，又规定其一年一死。因此猪尾巴鱼每年清明产卵，孵化后大鱼即死去，而小鱼生长迅速，长可达一尺，重可达一斤。此鱼滋味鲜美，鱼刺亦十分柔软，氽汤或是红烧皆可，鱼肉肥嫩，极易入味，着实不输刀鱼。

张爱玲曾将"鲥鱼多刺，海棠无香，红楼未完"引为人生三大憾事。长江三鲜则各有各的叫人为难之处：鲥鱼多刺，河豚剧毒，刀鱼罕有。更令人扼腕的是，鲥鱼已然功能性灭绝，刀鱼也已经濒临绝种，曾经叫人魂牵梦绕的滋味，已成了回忆。

2019年1月，长江刀鱼永久全面禁捕，"禁渔令"的实施，能留出更多空间和时间，让长江休养生息，还后代以丰盈富饶。或许在很多年以后，长江刀鱼会重新在江面闪烁光芒，而不是只能活在上一代人的记忆里。

数千年来，滚滚长江一路向东，裹挟着的泥沙在张家港沉淀下来，沃野千里的江南之滨，绵延的江岸拥抱着一片片沙洲。浪花淘不尽的，是这里极为丰富的水生资源，这是一块各色江鲜溯流洄游的宝地。滟滟随波千万里，面对日夜不息的滔滔江水，不禁感慨，人生百年有几，念良辰美景，休放虚过。

现下因长江禁捕等原因，长江三鲜退出了港城人的餐桌，成为记忆中儿时的家乡味道。滚滚长江和交错纵横的水网，赋予了港城丰富多样的水产，鲈鱼、鳊鱼、白吉、白丝……虽不负盛名，滋味却鲜美异常。
摄影/周军

蟛蜞豆腐：
细小家常鲜，最润港人心

撰文
孔雪

摄影
冯大伟 等

坐轮渡从金港镇去双山岛，越靠近岛，就越看得清对岸张家港保税区中现代工业设备高耸的几何形状与红蓝白亮色。一座快速成长的城市与全国第一内河型保税区，许多荡气回肠的宏大故事可以讲。然而此次我们去双山岛的目的，是寻访一种细小生灵蟛蜞，以及江边人家用它做出的鲜美"蟛蜞豆腐"。

傍晚，江风起。轮渡上人们衣发被吹得飞扬。随着夜色暗下来，静止的现代几何图形只剩下暗色轮廓，一日的燥热也渐被吹散。此时，数不清的小小暗褐色蟛蜞，在太阳下山与潮水初退的时间缝隙中，密密麻麻爬动上场。

这是属于蟛蜞的时刻。它们更早之前繁衍在张家港长江边，如人们最习以为常的江风那般，以小小身躯滋养着庞大城市的江边人。若要在张家港这座乘上改革开放东风、快速发展的现代新兴城市里，讲一则特别的细小故事，那便是蟛蜞了。

其貌不扬，吃起来却要鲜掉眉毛

似那句"江畔何年初见月，江月何年初照人"，无人说得出，江风与蟛蜞谁先造访了张家港的江边。

这天，岛上农户家的旧式日历翻到了五月二十，日历底行写着潮涨潮落的时刻：落潮在晚8点20分。其实在太阳将落未落时，大伯墩湿地上，蟛蜞就已陆续从小洞探出白花花的一对螯。在光影交班时分，成千上万的蟛蜞，用横行的痕迹连起水洼亮光与滩涂泥色，一波又一波爬向江边那片随风起浪的芦苇荡。

"你看那些螯，白花花的成片成片，"岛民们远远地就能认出成群的蟛蜞，"夏天它们还能爬过芦苇荡，爬上堤坝，爬在路上密密麻麻"。

"蟛蜞是杂食动物，冬季味道最好。"岛上名厨李刚解释说，冬季芦苇枯萎，蟛蜞在夏天吃得比较肥时就钻进洞里，少食草，所以草腥味很小，做出来的蟛蜞豆腐更滑嫩也没有杂味。这是本地人和美食家们才能尝出来的细微差别。

蟛蜞最大不过半个巴掌大小,外壳呈暗褐色,是江边芦苇滩上最常见的江鲜之一,而就是这其貌不扬的细小家常鲜,抚胃, 滋养了一代又一代港城的江边人家。

↑ 夜幕下，蟛蜞自洞中爬出，攀上芦苇秆晒月亮、喝露水，这是捕捉它们的最好时机。供图/双山岛理想村

↓ 蟛蜞的螯被称为"鹦鹉嘴"，在张家港、江阴等地极受欢迎。江边人通常会将蟛蜞螯掰下来单独售卖，身子则用于喂鸡喂鸭。

在灶台前，近距离观察蟛蜞，首先有感应的是人的嗅觉：它散发一股特别的清香，比起生鲜市场充斥着的咸腥味，像温和的清流。这种迷你螃蟹生长在长江边的芦苇荡里，身形不过三四厘米，外壳呈暗褐色，其貌不扬。不过阳光下拎起一只细看，却有种透透的晶莹水光。用它做成的"蟛蜞豆腐"是一道长江边寻常的农家菜。虽叫豆腐，它并非蟛蜞与豆腐的组合，而纯粹由蟛蜞作料，因成絮如豆腐花才得名。

李刚特地在岛上一户有土灶的农家，为我们熟练地展示了蟛蜞豆腐的制作流程。将洗净去脐的蟛蜞放入石臼，加入葱姜，捣碎出汁。不过捣了五六下，更浓郁的清鲜味便从蟛蜞躯壳里冲溢而出。捣至壳肉混成一团，再用纱布反复滤出灰褐色的精细肉蓉。

这时，土灶已烧开一锅热水。灶台下火苗跳动，旧木锅盖冒着热气，厨房已麻利地暖身完毕。李刚将滤剩下的蟛蜞壳碎渣倒入锅中，煮出汤底。一两分钟后，鲜味横行飘荡，整个厨房膨胀着一股清爽鲜香。

撇掉汤面的浮沫，再倒掉残渣，熬好的清汤底透亮浅黄，仿佛看了一场从暗褐色开启的颜色魔术。将汤底再次烧热后，他将滤好的流质状蟛蜞肉蓉，用勺子轻轻悬落下锅，静待它们凝结成团扇状的肉花，逐个轻轻浮起。最后撒上韭菜段、小葱花和盐，蟛蜞豆腐就出锅了。

浅黄清汤配翠绿葱花，暗灰色的蟛蜞豆腐花飘在碗里，没有任何大菜的气势。"其貌不扬，吃起来却是眉毛都要鲜掉的！"长在江边的人们每每说起它的味道，总抵不住这一口鲜。如果亲见了蟛蜞豆腐的制作过程，你便会对这句话也深有体会——灶台都冷了，整个厨房却还留着蟛蜞释放出的横行的清鲜。

在李刚手中，蟛蜞豆腐变得更精细了。以往寻常农家过筛，有时随手找来淘米的竹篮，滤成絮状撒上葱花就可以尝鲜了。正赶上苏州一家餐馆的厨师专程到岛上向李刚求教，几位专业厨师讨论着在现代餐馆后厨，为提高效率，捣碎与过滤的流程可用丝网、压面机来代替。

但李刚依然保留了4斤左右重的捣石和小石臼。随着蟛蜞豆腐被列入张家港市级非物质文化遗产，李刚也成为这项烹饪技艺的传承人。他有时会带着这套工具与一箱活蟛蜞去其他城市参加厨艺比赛，或在交流展示会上呈现这道菜尽可能完整的制作流程。三四斤江边小蟛蜞，几乎不加其他辅料，变成一斤左右的蟛蜞豆腐，这样简单而神奇的转化故事在现代社会里仍很吸引人，李刚也从不担心蟛蜞豆腐的鲜味征服不了四方食客。近年来因非遗传承与保护、网红纪录片《风味人间》的挖掘，鲜美的蟛蜞豆腐更广为人知，不过也因其特质在于鲜，尽管岛上旅游业兴起，一些特产被做成礼盒包装，蟛蜞豆腐却难以用真空、速食的方式保证鲜味，打开新路尚需时日。

蟛蜞很小，肉也很少，李刚说它本是种不值钱也不值得花大心思去琢磨怎么吃的江边小蟹，主要用来喂鸡鸭。但在资源匮乏的年代，它们是长江给人们的一种馈赠，天然且丰富，又经老一代江边人的生活智慧，点化成一道鲜美的家常荤菜，此后一直抚慰着世代农家人的胃。

制作螃蜞豆腐的原料十分简单，几斤螃蜞、一块姜、几根葱、一把韭菜即可，吃的就是螃蜞的原汁原味。制作中最费时、最艰难的就是捣螃蜞。

"这是妈妈的手艺，长江边的很多农家都会做，"有网友在一篇被转发上万让人云尝鲜的螃蜞豆腐回忆文章下评论道，"我也跟我母亲学做过"。

深藏功名，延绵长情的自然馈赠

人们习惯引用鲁迅说"第一个吃螃蟹的人是勇士"的话去形容那些首创壮举，而面对小小不起眼的螃蜞，捉螃蜞和吃螃蜞更多和家常乐趣相关。

回忆小时候捉螃蜞的画面，岛上70岁的老人张献生还是会忍不住笑起来。把横行的小螃蜞，按住壳再放开，让它走走又停停，这是小孩子们绝不会错过的天然玩具。几乎所有双山岛人小时候都捉过螃蜞，也几乎都被螃蜞的双螯夹疼过。在这之后，大家会知道掐住螃蜞的"小腰"或是一把抓住它全身，是与这纯天然小玩具斗智斗

蟛蜞捣出的汁水需用细纱布一遍一遍地过滤，等渣子滤净，方可一勺一勺舀入锅中，"豆腐"絮浮起后，再撒上一把韭菜段，蟛蜞豆腐就做好了。

男的必胜妙招。

从张献生的爷爷辈到现在，家中养鸡鸭的农家人都会常去江边滩涂捉蟛蜞，小孩更是捕捉队伍中活跃的一分子。岛民和江边人家都熟稔长江水涨退的规律，随手拿个桶或袋子或渔网就出发了。随便哪天傍晚潮退时，你总能遇见三三两两的双山岛民，遛弯一样去江滩捉蟛蜞。双山岛过去有三千多亩滩涂，如今随着休闲旅游业的发展而有所萎缩，但蟛蜞数量不减，岛上高尔夫球场附近的江滩，是人们最常去的地方。

"过了清明，蟛蜞就会爬出来，一直能抓到8月份。"一位岛民大叔说。燥热天气江水落潮后，头上绑个简易探照灯，往芦苇秆上一照，杆上"晒月亮、喝露水"的蟛蜞就像被咒语定住般不再动，任人随手一抓便就范。冬天，蟛蜞躲在地下，却也躲不开人们的追击。用大铁锹翻开滩涂上的洞穴，蟛蜞就四处乱窜，三五个人合作围堵也能收获颇丰。用最简单的工具，一晚上一个人，轻

做好的鳑鲏豆腐，口感如嫩豆腐般细腻，鳑鲏的独特清香沁人心脾，原汤原汁最大限度地让人感知这来自长江的鲜美味道。

轻松松就能摸到100多斤的蛏蜞。岛上现在还有人以此为生，或做副业。

除了作为食材，蛏蜞更是一种值得琢磨的生灵：这么容易被捉，着实不甚聪明；生在江边，与每日江风相伴出现，又喜欢爬高晒月亮，竟有点浪漫；最重要的是，它与江边人长相依，微小而众多，无私地滋润了江边人的日子。

蛏蜞小不起眼，却生命力顽强，繁殖率高。在水网密布、自然条件优越且百年来无任何工业进驻的双山岛，它陪伴人们玩着捉起来"没完没了"的家常游戏。体会蛏蜞的丰盛，你只需在落潮后站在滩涂上，满眼便是随处可见的蛏蜞洞。密布群居的蛏蜞，习惯单独横行，一旦觉察危险，就会瞬间钻进最近的洞口，让人想起《鼹鼠的故事》，又或是宫崎骏的动画电影《千与千寻》中锅炉房里的小小煤球精灵，然后忍不住去想象自己脚下蛏蜞的神奇地下超级家园。

蛏蜞不及长江其他河鲜值钱，它的螯却能单独售卖。被俗称为"鹦鹉嘴"的蛏蜞螯，炒起来鲜嫩可口，在张家港和江阴、常州、无锡等周边地市很受欢迎。很早之前，双山岛和江边的人们处理蛏蜞的方式就很理性：把不值钱的蛏蜞切分开来，单独的螯一斤现在可卖五六十元，按着五斤蛏蜞一斤螯的比例，人们靠卖螯也能谋生。

剩下的不值钱的蛏蜞身子，就喂养鸡鸭。在岛民家串门，时不时会发现他们索性把捉回来的蛏蜞养在家中大缸里。吃蛏蜞长大的双山岛鸡鸭成了岛上的名优特产，它们下的蛋更是不愁销路。甚至，连偶尔嘴馋了做一锅蛏蜞豆腐用剩下的滤渣，都不会被浪费，二次利用继续做鸡鸭饲料。

因蛏蜞与人的关系，因延绵而长情的自然馈赠，让人无法想象若无蛏蜞和蛏蜞豆腐，张家港会错失多少余味。从带着特别清香、普普通通暗褐色的活蛏蜞开始，经家常工具的锤砸煮烧，在农家烟火中最终变成朴素鲜香的蛏蜞豆腐。从头到尾，它没什么高扬的宏大品性，却将美味享受默默自然揉进了农家日常。

城市最日常的滋味，往往藏于细小。小小蛏蜞比起一座城市，只是极端的微小体量，容易被看低被忽视，却又与这方水土有着悠长的关联。带着长江的夜色和江风，带着家常土灶锅气，还有凡人最动人的生活智慧，蛏蜞与蛏蜞豆腐，像挖出了一处小洞口，打开了我们窥见张家港风物水土的神奇细小通道。细小无声物，最润港人心。

高庄豆腐：南地北做，
卤水点化的柔韧与嫩滑

撰文
余嘉

摄影
冯大伟

去凤凰镇，有道菜一定要吃，那就是"高庄豆腐"。

据说，高庄豆腐品质极佳，其美名在整个张家港市几乎无人不晓。在路边随便打一辆车，只要和司机师傅谈及高庄豆腐，他们一准会告诉你这个豆腐有多好吃、多抢手。每天，高庄村里的那家豆腐坊门口，都会停着好几辆车，豆腐一做好就立刻被运走了。北京的天水雅居、苏州的金海华、凤凰镇政府的食堂、周边的各大饭店……豆腐都是纯手工制作的，不算大的产量，几乎都被各大酒店"抢购"一空，除非是熟知的老客或是乡邻，否则要想吃上一块白嫩的豆腐、一块劲道的豆腐干也是一件难事。

在当地人的口中，高庄豆腐既指豆腐，也包括豆腐干，都是下酒的好菜、日常美味。豆腐和豆腐干严格来说不应该混作一谈，获得"非遗"称号的是豆腐干而不是豆腐，本地人们并不在意，不强求区分清楚，也不去问来由。高庄豆腐历史悠久，有人说，有一百多年历史了，也有人说，是两千多年。史料中找不着确切记录，在包文灿所编著的《张家港掌故》中有一则《谢豆腐遇仙》：高庄村里有个姓谢的农户，在卖豆腐路上遇到仙翁，被传授了豆腐干制作方法，传说中的神仙"传法"给高庄豆腐干抹上了一层邈远神秘的色彩。在故事中，豆腐干的起源都如此飘忽，豆腐的起始时间好像就更无法追溯了。

一块豆腐的形成

神仙的故事，当然不能作为正史，只是茶余饭后的笑谈。怀着对其历史的好奇，我一到豆腐坊，便先向祖上几辈人都做豆腐的豆腐坊老板谢建忠询问道："高庄豆腐到底从什么时候开始的呢？""这个可说不清，反正我爷爷的爷爷就是做豆腐的，到底多少年，可不敢讲。"老板憨憨一笑回答道，并不多言，只低头继续做豆腐。

高庄村的这家豆腐作坊是一个四间的平房，就是普通的乡下房子，大而深，还略有些昏暗，不是那种敞亮的现代工厂。从东往西数，第一间存储原料。第二间被隔成前后两半，后半间有门与东、西相通，里面放着

位于凤凰镇南部的高庄村，四面环水，以制作豆腐、豆腐干闻名。口感柔韧、卤香浓郁的高庄豆腐干是凤凰镇的著名特产，本地"谢豆腐遇仙"的故事为其增添了几分神秘的色彩。

谢建忠是豆腐店的老板,也是高庄豆腐干制作技艺的传承人。他一手持壶,另一手拿着水瓢,按比例将盐卤倒入热豆浆中,豆腐成型与否、口感好坏,这一步非常关键。

用来泡豆、磨浆的几只大桶和一台磨浆机，黄豆在这里被打磨成浆，完成最初的转化；被隔断的前面半间，门朝南开，要走到外面再进去，才看出这是个陈列室。第三间是工作间，是四间中面积最大的，在靠后墙的一侧有三口大灶，用来煮浆；灶前的地上摆着几只用来盛放豆浆的大桶，在桶口蒙上一块纱布，就是过滤装置了，用其过滤好的浆，直接就在这个桶里点卤。再往前，是做豆腐的长案，案前有一个木架。最西面一间，则是做豆腐干的所在。

谢建忠和一个帮工就在第三间里做豆腐。帮工把锅中煮好的熟豆浆盛进桶里，转身又去里间再磨了一桶，哗啦啦地倒进大灶的铁锅里。谢建忠把煮好的熟豆浆一勺一勺地舀到蒙着纱布的空桶里，等大部分豆浆滤下去，再用手拎起纱布两端，一上一下地摇晃起来，上下摆动间滞留的浆水逐渐流淌下来。豆浆过滤好，就可以点卤了。老板端着一茶壶的卤水，边倒边搅，过了片刻，豆浆桶里开始出现了神奇的变化。一团团乳白色的"柳絮"不断聚集、凝固，豆浆里溶于水的成分凝成了固体，但水分仍在，看起来就像是一朵朵可爱的云朵浮沉在水中。

谢建忠走到长案边，拿起一块木板平放于案上，板上搁一只五六厘米高的无底木框，再在框上铺一层细密的纱布。老板扭身弯腰，把"豆腐絮"舀进了框里。因为有纱布的过滤，"豆腐絮"留在框中，混合着的水透过纱布流了满案。我这才发现长案四周有排水沟一样的凹槽，水顺着凹槽流下去，像哗啦啦的山泉，还有热气腾起的光影浮动，像极了传说中神仙腾云驾雾的场景。

光影中的谢建忠手一刻不停。他一连舀了三四勺，把木框填满后，再用勺前后左右小心地推了推，让木框里的"豆腐絮"变得平整，滤去水分的豆腐絮紧紧地挨着，已经不再是松散的絮状了。这时，浓郁的豆香气也随着热气，飘到了几米外站着的参观者的鼻子里。或许不喜欢吃豆腐的人，会觉得是"豆腥气"，但不管是"香"，还是"腥"，这味道浓郁绝对是公认的。那边，谢建忠已经放下勺子，把纱布的四角翻起，将豆腐絮包成一包，去框，放置于木板上。接着他又取过一块木板放在边上，搁上之前取下的木框，如前步骤，一会儿又是一包。第三块木板，搁在第一块木板的豆腐包上继续制作，然后第四块叠在第二块木板上。如此这般交替，直到两边都摞了四层。

谢建忠把豆腐包连着木板搬到旁边的木架上。木架类似一个竖着的框，豆腐板一层层摞在框中，最上面封一块木板，板上又像搭积木一样，横七竖八地搭了好些个木条、木块，直至接近于框顶，再拿出一个千斤顶顶住、旋紧，豆腐包里又渗出许多水来。过上片刻，多余的水分被压榨出来，"豆腐絮"也被压紧压实。等谢建忠把豆腐包从木架子上取出，揭开纱布，一整块满是豆香、莹润诱人的豆腐赫然出现在眼前，正是我们在商场看到的样子。

渐渐远去的豆腐干

高庄豆腐的制作过程简单，步骤清晰，而且除了磨豆浆的机器，整个作坊看不到其他现代化的生产工具，一切好似与其他作坊并无区别，那么其好吃的秘诀，到底是什么呢？莫非，他们点浆的卤水，真的是由神仙传授的？

谢建忠听了又憨笑起来，解释说，他这里用的是盐卤，做出的豆腐豆香气浓、莹润柔韧。豆腐有南北之分：南方做豆腐点卤普遍用的是石膏，做出来的豆腐含水量高，细嫩滑爽；北方豆腐用的则是盐卤，做出来豆腐含水量低，质地就较老较韧，豆味浓郁。简单地说，就是买菜阿姨口中的"嫩豆腐"和"老豆腐"之区别。谢建忠之所以特意强调他用盐卤，是因为高庄村，乃至凤凰镇明明属于吴地，地处江南，却用的是北方点卤的方式。

"怎么会南地北做呢？"我忍不住又追问起了原由。不善言辞的谢建忠说不出具体原因，只含糊地介绍道："我们这儿是江尾海头，海边的人们很多都以晒盐、制盐为生，他们那儿有些晒不出盐的'水'，就是盐卤。每过一阵子，就有小船从海边顺着河道运盐、盐卤过来售卖，我们这儿家家户户，都会准备好陶缸瓦罐等船来。祖祖辈辈都是这样，我父亲的时候是这样，爷爷的时候也是这样。"

一旦开始回溯，时间就变成了相对的东西，听起来没多少年，又感觉很遥远。我继续向最西边的一间里走去，去看做豆腐干。高庄豆腐干声名更响，其制作工艺被列为张家港市的非物质文化遗产。开车带我过来的司机一路上已经大肆流过口水，盛赞其味美，说热的好吃，如果冰镇过，用来搭老酒，更是无上的美味。

西间靠墙的一侧是两条矮矮的长案，案前摆放着两只小小的矮凳，两位年迈瘦小的驼背老奶奶坐在矮凳上正手工制作豆腐干。一位老奶奶在包，手上不停用纱布把切成小块的豆腐包好、扎紧，另一位老奶奶则把扎好的豆腐小包整齐地码放在木板上。西间屋中也有个小型的木架压榨装置，四四方方的豆腐包摆满了若干块木板后，就会被叠起来端去木架上，用千斤顶进一步压扁压实。压好了，把木板端到另一边的长案上，将纱布拆开，拆出来的就是白色的豆腐干生坯，等之后烧煮着色入味以后，就是引人垂涎的高庄豆腐干了。

做豆腐干的两位老奶奶，一位是村里乡亲，一位是谢建忠的母亲，都已是七八十岁的年纪，又因为她们的动作太迟缓、个子太矮、背太驼，看上去显得更为年迈。老奶奶们包豆腐的时候，细致而缓慢，时间像是被无限拉长了，你感觉不到它的流逝。年迈的老人驼背已接近九十度，当她们端着摆满豆腐包的木板去压榨的时候，需要把身体竭力往上抬。木架对她们来说太高了，为了能把千斤顶塞进缝隙里，她们得在木架前用几块砖头垫成"台阶"，然后攀着木架站上去。

两位老奶奶，从十几岁的时候就在这里包豆腐干，一包就是一辈子。如今，共事的老人陆续离去，年轻人又不肯来学，当年十几个人一起干活，如今只剩她们两位。老板娘也会在空的时候，一起去帮忙包一包，但"两个半"人手的产量，让豆腐干只能供应有预定的客户，临时上门的顾客，只能敬谢不恭了。

其实，陷入人手困境的，哪里单单是豆

做豆腐是一件异常辛苦的工作。从凌晨开始煮豆、磨浆,到了八九点钟点卤、压制,忙忙碌碌大半天时间,一板豆腐才算成型,可以向外售卖或是做成豆腐干。

红烧,是高庄豆腐的经典做法。细嫩的豆腐搭配浓油赤酱的汁水,青葱点缀其间,连汤"捞"上一碗米饭,米香扑鼻、豆腐入味,让人欲罢不能。

腐干呢？村里本来有好几家豆腐坊，现在只剩下这一家；老板有两个子女，都飞进了城市，可以预想是不会回来做这个苦累的活了。"等做不动，就不做了。"谢建忠说，老板娘在一边点头。豆腐坊里的人手，就这五个人。如果没有新人接手，大约从高庄豆腐干开始，再是高庄豆腐，都会渐渐走远吧。

高庄豆腐"捞"着吃

因没有预定，未能尝到地道的高庄豆腐和豆腐干，幸好"吃豆腐"是事先约定的，在本地备受好评的一家餐馆，我得以一尝高庄豆腐的味美。一大海碗，在浓油赤酱的汁水中，切成大方块的白色豆腐和寸长的青绿葱段映衬着，色彩质朴而浓烈。服务员再三关照，要在十分钟之内品尝，否则起了油皮就不好吃了。出于好奇，我第一口吃的就是豆腐；因为味道太好，接下来我几乎顾不上一桌其他伴肴，只吃豆腐。根据当地人的介绍，这高庄豆腐"烧"好了需要"捞饭"吃，也就是连汤带菜浇到饭上拌饭吃，浓郁的酱汁、嫩滑入味的豆腐加上米香扑鼻的米饭让人欲罢不能，我连"捞"了三碗，正想继续，发现豆腐碗已经见底了，只余下些许汤汁。一桌四个人，硬是在其他菜还没怎么动筷的时候，把一海碗的豆腐分食干净。

虽不是山珍海味，这豆腐却比大鱼大肉更受欢迎。师傅烧豆腐的过程并不保密，做法也相对简单，架锅起火、油盐葱姜，高汤吊味，葱段和豆腐在锅里一起滚两滚，就收汁装碗，步骤快而平常，同样让人看不出有什么诀窍。店里专烧高庄豆腐的大师傅姓周，据说，许多人离开张家港后，总心心念念要回来吃一碗他烧的豆腐。而说到秘诀，他除了强调只能用葱烧，其他配料一概不用之外，也没有什么特殊之处。有不少人来跟他学，可怎么学，烧出来味道就是不一样；还有人财力雄厚的，自己回不来，就邀请周师傅带上全套家伙去家中烧菜，可是只要离开这个城市、这方水土，即使周师傅亲手烧出来的，也总觉得味道不对了。

一位离乡多年的张家港人这样说："吃的时候，未必会觉得有多好，但是之后，你再吃别家的豆腐，就怎么都觉得不是那个味道了。""那个味道"，就是记忆中的味道，记忆中的味道，就是"对"的味道吧？

在物质不充裕的年月，鱼肉荤腥是难得一见，豆腐才是隔三差五买来改善伙食的主力军。所以，这"对"的味道，这卤水点化的柔韧与嫩滑，大约就是妈妈的味道、童年的味道、记忆中欢乐与丰收的味道吧。

老人是豆腐厂三名工人之一,自十几岁开始,已在这里做了大半辈子的豆腐干。包裹、扎紧、码放,老人的动作熟练、缓慢、带着独特的韵律,时间仿佛被无限拉长,老人们坚守着高庄村的旧日时光。

沙洲优黄，
饮一壶江南风情

撰文
余嘉

摄影
吴学文

尤其是在秋冬天，走进江南的任何一家酒店、菜馆，服务员热情地招呼你坐下，点完冷盆热炒，她总会接着再问一句："喝点什么？"然后用水一样婉转柔糯的吴音，一个一个地报出酒水名。在酒水名单里，几乎都会有个"沙洲优黄"。

如果你是第一次来江南，可能会摸不着头脑，"沙洲优黄"是什么？服务员会笑眯眯地告诉你，"就是黄酒啊！沙洲出产的优秀黄酒！"

一种独属江南的酒

还记得《孔乙己》里那些酒客吗？他们喝酒的时候，"往往要亲眼看着黄酒从坛子里舀出"，并且还要"亲看（小伙计）将壶子放在热水里（温酒）"。绍兴鲁镇的酒客们喝的就是黄酒，要用热水温过再喝才地道。

但是你去看，《孔乙己》全篇中几乎都写作"酒"，很少用"黄酒"二字，这与江南人自古以来都是习惯、喜好喝黄酒有关，直到现代城市化发展、人口大量流动以后，白酒才大步跨入了江南人的生活。黄酒由米酿造，江南盛产稻谷，自然产出黄酒为多；而酿造白酒的原料是高粱等作物，北方因而多产白酒。"一方水土养一方人"，即便是酒，也遵循万物由环境造就的规律。

黄酒历史非常悠久，一般认为唐宋诗人们动辄"斗酒诗百篇"所喝的，都是"初阶版"的黄酒。但在白酒（烧酒）出现之前，并没有"黄酒"的称法，翻阅古籍，你看到的大多是"绍兴酒、金华酒、丹阳酒、兰陵酒"等以产地而得的名字。即便在白酒风靡全国、成为"全民饮用酒"之后，江南的人们也还是不会特意强调喝的是"黄酒"，实在是因日常所饮、爱饮的只有黄酒罢了。

一百多年前，苏州张家港市后塍镇（那时还不叫这个地名）的人们将黄酒称为"老白酒""甜水酒"等。吴地富庶，稻作历史悠久，种稻技艺成熟，加上风调雨顺、气候舒暖，非常适合稻谷的生长，所以田里的收成满足人们吃饱肚皮之余，足够酿造一家人微醺的所需。忙时收稻、闲时做曲，反正是自己家酿的，自己想怎么叫就怎么叫。后来市镇逐渐发展，出现了专业制售酒的糟坊，

传统的沙洲优黄为半甜型黄酒,酒色橙红、清澈透亮。如今为符合现代人的口味及健康观念,酒厂将酒液中的含糖量降低,推出了"清爽型"的沙洲优黄。

后塍镇上出了名的就有三家，好喝而且不贵，乡邻们也懒得麻烦了，纷纷转而买酒。糟坊通过同行间的协作将标准统一起来，"黄酒"之名日渐普及、响亮。

从"后塍黄酒"到"沙洲优黄"

寒冬腊月，煮一只暖锅、温一壶黄酒，至今仍是江南人最悠闲、最温补的过冬方式。但江南各地也多有不同。根据地域，黄酒大体被分为三大派系：绍派、苏派、海派。绍派黄酒由于"天下黄酒源绍兴"，被认为是黄酒正宗，口味很醇厚、香味很浓郁，但是口感偏甜、偏重；海派黄酒则具有海派文化所注重的"洋气"，包装精美时尚，又加入枸杞等原料，强调营养保健，口味独特清淡；相对来说，苏派黄酒酒色橙黄，清澈透明，醇香浓郁、味正纯和，比绍派清爽、比海派醇厚，比绍派更现代、比海派更传统。除三大流派外，依据酒体中含糖量的高低，黄酒现还可大致划分为"甜型"（大于100g/L）、"半甜型"（40.1-100g/L）、"半干型"（15.1-40.0g/L）、"干型"（15.0g/L）。

起于后塍镇的"沙洲优黄"，便是苏派黄酒和半甜型黄酒的优秀代表。后塍自古便是鱼米之乡，土地肥沃、粮产量大，加上紧邻"黄金水道"长江，水网交织，水陆交通都很发达，慢慢地人群集聚，后塍逐渐成了一个重要的农产品集散地。大量的米粮汇聚于此，想要精选原料酿造出上好的黄酒，实在不是一件困难的事情。那些天南地北跑货运输的商贩们在这里落脚或者暂歇，温一壶黄酒，炒两个小菜，在这里聊天互通消息、一解疲乏。后塍黄酒在慰藉了游子乡愁的同时，也被游子们把名声带去了远方。

从康熙年间建镇开始，这里的行政区划变了又变，后塍黄酒在这个过程中不断发展、去粗存精。旧时三家最出名的糟坊之一的汤恒元糟坊于光绪年间开设，一百多年来不断发展，又经过合并、改制，成了现在的张家港酿酒有限公司；其产品"沙洲优黄"早已作为黄酒的优秀代表走出后塍、走出张家港、走出苏州，乃至走出国门远销东南亚，成了在整个黄酒界都响当当的品牌。

黄酒中的"小清新"

说沙洲优黄"响当当"，是有数据支撑的：2006年，作为黄酒行业的"小兵"而不是龙头企业，"沙洲优黄"主张并促成了黄酒国家标准的修订；目前全国生产黄酒的企业200多家，2019年的年销售额共18亿，沙洲优黄就贡献了8个亿……不同方面的成绩，都让沙洲优黄在黄酒业界里具有了不可小觑的影响力。

其实在"沙洲优黄"品牌还未诞生之时，后塍的黄酒就很有口碑了。因为它精选原料、恪守时令，严格按照"古遗六法"的生产操作规则，在适宜的季节精工细作、匠心酿制。米选用的是江南丰腴之地所产的粳米，水则是从长江引流而来的活水，制曲用的是购自山区的茅草。每年农历的七月做酒药、九月制麦曲、小雪时节淋饭、大雪时节摊饭，前前后后花费近一百天，让米和水从容变化、安心发酵。等立春时节，阳气上升，就需得顺应节令榨酒了，榨出的酒还得再煮上片刻，才可灌入陶坛贮藏。有些藏上三年，有些要藏五年甚至更久，陈酒在时间的参与下，便具备了更醇厚醉人的魅力。经过繁复的工艺，酿制出的黄酒酒色橙红、透明清亮、芳香浓郁，这就是半甜型黄酒，典型的苏州味道。

到了20世纪90年代，酒水饮料的品牌、种类爆发式增长，人们的生活方式也因为经济发展发生了变化，源于后塍黄酒的"沙洲优黄"销量萎缩，酒厂的日子愈发艰难。1992年，困境之下的酒厂进行了一项市场调研，发现如今人们更加倾向于低酒精、低糖度的产品，于是在保留传统特色的基础之上，将酒精度下调至13度，然后又连着几次调整甜度，把糖的含量一降再降，使其保留了传统的味道，又符合现代人关于健康饮食的认知。

产品一推出，迅速打开了市场，酒客们尝试了之后，都乐意向酒友们推荐说："哎，你尝尝呢，沙洲优黄喝起来清爽的啦！""清爽"逐渐成了沙洲优黄的市场共识。

走进张家港酿酒有限公司的厂区，电视上常见的"黄昏的日影、粗陶的酒坛，以及无数酒坛排列到天际"的古老、壮观景象已成为历史，展现在你面前的是许多个巨型的圆筒状不锈钢大罐和方形的不锈钢厢式存储罐，还有现代化的生产流水线、化验室、色谱仪等。不论是远远眺望，还是逐个参观，你看到的都是现代化工厂的模样。

2010年前后，面对员工少、产量低、场地小的发展困境，沙洲优黄开始研究用不锈钢存储技术和现代化生产线来取代传统的酿造、存储和罐装方式，并于2014年正式投入使用，将储存工具由传统的陶土酒坛变革为不锈钢大罐，产量和销量都因此得以大幅提升。

这是一次满是争议的改革。因为所谓传统"非遗"，是包括看不见的工艺和看得见的工具的。有许多的作坊，正是因为坚持着"手作"而备受好评。看着黄酒从粗陶坛子里舀出来，似乎的确比从不锈钢罐子里放出来更符合饮者的期待。"沙洲优黄"的变革在黄酒界看来，可谓是肆意大胆，质疑声纷至沓来。

也正因为有质疑，沙洲优黄坚持"应该坚守传承的是工艺，而不是工具，工具只是辅助，能有助于工艺更好发挥的就是好工具"的理念更显不易，也相当有创新性。当然，更有力的支持来自不锈钢大罐存储技术的优越性。

酒的发酵需要稳定的环境，而有现代化监控手段加盟的不锈钢大罐，在存储环境的控制上明显优于陶罐。各种检测设备的跟进，强化了过程管理，甜度等质量的把控也可更为精确。通过比对，用不锈钢大罐存储酿造的酒，在若干年之后，各项数据都更稳定，品质更统一。这几年的改革推进下来，现代化手段加持下的沙洲优黄一路高歌猛进。

今日思来，古人选用陶土做酒坛，可能只是因为那是他们所处时代能够获取的最方便、最廉价、最适用的存储容器罢了。所谓继承优秀传统，同样应该和古人一样，在当下的科技水平和制造能力下，做出最优化的选择。

如果你第一次来江南，或者第一次品尝黄酒，不如就请服务员给你拿一瓶沙洲优黄。用热水温一下，然后挟一小口菜，啜一小口酒，那温润柔和、清新甜糯的江南，就会在你的唇齿间弥漫开来。

港城的清晨，
从一碗焖肉面开始

撰文
黄崇崇

摄影
冯大伟

晨曦微露，几百人戴着口罩，拿着苏城码，测过体温，在张家港的老字号宴杨楼门前排起了长队，等候着那碗鲜香的焖肉面。

早春，因为疫情的原因，宴杨楼关张了。老食客们有阵日子未吃上一碗地道的焖肉面，他们三三两两，隔天就探头探脑，来宴杨楼打听消息：何时才能一慰辘辘饥肠。等到终于恢复了堂食，从清晨到下午1点多，负责下面的阿姨手都累煞了，才将将满足了蜂拥而至的老食客们。

来宴杨楼定时报道的食客，年龄跨度很大，既有号称"品牌忠实肚"的长者，也有还不大会走路，就被抱着来喝汤的娃娃，对面的热爱大抵是需要从小培养。面馆里虽然可以吃到张家港各地的风味，但一碗白汤或红汤的焖肉面搭配自制油条，依旧是最受食客青睐的组合。舌头不会骗人，张家港人的心中自有决断。

宴杨楼在张家港人心目中的地位不一般。它位于杨舍镇，曾经是张家港地标性建筑。20世纪六七十年代，人们从各个乡镇上来城关杨舍镇赶集、办事，"到宴杨楼吃的一碗面，那是不得了的。"一份炒猪肝，一份青椒炒肉丝，或者来碗冬笋肉沫面……当时浓油赤酱的美好滋味，留在了一代老沙洲人的记忆里。

经过几度更替，2017年老字号重新开张，翻新后的宴杨楼，门头古色古香，十分醒目。为了适应现代人更清爽的口味需求与健康饮食的理念，宴杨楼在烹饪上也做了调整。如今店内最受港城人追捧的焖肉面，虽脱胎于昆山的奥灶面，却在宴杨楼师傅的巧手烹饪中更进一步，将其肉的咸香酥软、面的劲道爽滑与汤的浓郁鲜香发挥到了极致，和当地人的口味完美合拍。在苏州十碗面的评选中，宴杨楼焖肉面榜上有名。

既以焖肉为名，其美味的奥秘，自然就落在这一方焖肉上。精心挑选的五花肉，加调料经宽汤烹熟焐烂，每片切作寸多厚。高汤大火烹煮，逼出焖肉中的油脂，让焖肉与高汤的味道相互融合，直到汤中混入了油脂的香气，肉中浸满了高汤的鲜味，这道以时间焖煮的美味才算合格。

下一碗面条也有诸多讲究，其中以出水最见功底。师傅手持爪篱，边翻边抖，将面汤沥干净，再卷紧面条。然后来一个大甩水，

一块肥美的焖肉,几根翠绿的青菜,一碗浸在红汤或白汤中的细面,再来一小碟姜丝,很多港城人的一天都是从这样一碗焖肉面开始的。

宴杨楼不仅售卖各式港城面条,在这里还能品尝地道的江南、沙上美食。

甩掉浑浊的面浆,面条整齐地扣入碗中,纹丝不乱,如鱼浮水,叫作"鲫鱼背"。

一碗面上来,别着急动筷,需先"望闻问切"一番。先观汤色,面汤一定是清澈的琥珀色,浮动着白糟粒粒。再喝两口汤润胃,口感一定是浓郁鲜滑。然后,可以根据个人喜好,任意添加姜丝、小葱、辣油等各种小料,增加风味。

终于轮到"鲫鱼背"上驮着的那一大块白嫩肥美的焖肉了!夹在筷子尖颤颤巍巍,一口下去,瘦肉一抿酥烂,肥肉一咬化水,脂溢满腮。鲜、咸、香的丰富味道涌入口中,刺激着每一颗味蕾。一碗热乎乎的汤面落肚,从舌尖到肠胃都服服帖帖的,大呼满足!

地处江南的张家港,并不出产小麦,这里的人们为什么爱吃面,是个值得考究的问题。往远了说,北方人为了躲避战乱多次南下,吃面的习惯也随之被带到了江南一带;往近了看,长久的富足、丰富的食材,让江南人有足够资本来钻研这一饮一酌、一茶一面。

即使是同样一碗面,不同的人也能吃出截然不同的口味,这是在张家港吃面的另一大隐藏乐趣。煮面时间的长短,会影响口感的软硬。红汤还是白汤,紧汤还是宽汤,还有

张家港人爱吃面,每个人都有自己的选择,是要硬面还是软面,是选宽汤、紧汤还是拌面……只要点单时和师傅交代一声,便可"私人订制"一碗专属面条。

丰富的排列组合。点单的时候和下面师傅吩咐一声,就可以订制自己的"私人面单风味"了。

港城人爱吃面,各式面馆随处可寻。除了焖肉这个比较考验功力的招牌,在浇头上各家面馆都各有讲究,鳝丝、爆鱼、爆鳝、卤鸭、虾仁,还有三鲜、香菇面筋……案上一盆盆堆得冒尖的浇头,绝大多数都跟水相关,似乎是要把整个江南的丰盛物产都端上桌。

浇头是看得见的招式,汤与面则是深藏不露的内力。一碗高汤,要用到大骨头、老母鸡、黄鳝、螺蛳等几十种新鲜食材。每锅汤都要早上现熬,小火慢慢熬煮,等到骨头酥烂,汤里泛着黄澄澄的鸡油,这锅汤的灵魂才能慢慢浮现,汤清无色、鲜香扑鼻。

面需精彩,汤得灵魂,浇头更要丰富,缺一不可。还发展出硬面、软面、宽汤、紧汤、拌面、免青、重青、过桥、底浇等一堆术语行话,足够让初来乍到的人摸不着头脑。虽然习惯了大开大合,张家港人却在这小小一碗面里倾注心血,做起大段锦绣文章。

张家港的面,师出名门,尽得苏式面的精髓,却又自成一派,在面食的江湖里书写着自己的传说。就像它所在的城市一样,没有过多的历史包袱,充满蓬勃的生机与活力。

糕团里的港城

撰文
余嘉

摄影
冯大伟 等

作为苏州人，从小我就喜欢吃那种甜甜糯糯的糕点，一段时间不吃，就馋得流口水。那天在张家港市塘桥镇金村的市集边上，一家小小糕铺的门口，捧着刚出锅的白云方糕，我顾不得烫就张口去咬，这口糕的味道，是童年记忆中的软暖甜香，包裹着江南人对家乡的记忆。

江南处处时时糕

其实，整个江南的人都嗜食糕团。糕团之于江南，好比饺子之于北方，不论高低贵贱，也不管是年节日常、婚庆乔迁、走亲访友、充饥打尖，生活中处处时时都有糕的身影。

江南的糕团绝大多数为米粉制成，米粉松爽，做出的米糕软糯弹牙、松暄可口，具有与面饼完全不同的风味，如同这里的人一样，灵动而不呆板、柔和而不绵软，总有股韧劲从骨子里弹出来。岁时节令、流转光阴，对江南人而言，万般滋味都融在一块块糕里。

当然，江南各地间也有细微的差别，有的地方把稻米制成的糕统称为年糕，有的地方则把汤圆等一起统称为糕团。称呼虽不同，对米糕的感情则是相似的。糕团是江南人向自然礼赞的一种方式，节令不同，糕的种类也不同。一月吃元宵，二月撑腰糕，三月青团子，七月豇豆糕，九月重阳糕，十二月桂花猪油糖年糕……四季糕团点染了糯笃笃的江南日子，让那些糯笃笃的小囡长大后，回忆起岁月，总有一股香甜柔糯的糕团味道。

当然，江南人爱吃糕不仅因为糕的口感好，还因为老祖宗传下了吃糕的习惯。江南主要产稻米，稻作文化历史悠久而成熟，《史记》中就有记载，江南"火耕水耨，饭稻羹鱼，故无饥馑之患，无冻饿之人"。作为江南核心的吴地，鱼和米都是这片水乡福地重要的出产。

以张家港为例，这座江南港城靠江近海，但美味从来不止江鲜海味。此地水网密布，土地丰饶，气候湿暖，所产的稻米量多质好，品种也多，"红莲稻""鸭血糯""香粳米"……再加上交通商贸发达，出产丰足，生活无虞，就有条件、也有闲情搞点"花头精"，张家港糕团的"花头精"就很多。

张家港人嗜食糕团,莹白如玉的白云方糕、形似梅花香气扑翼的梅花糕、糯口弹牙的松子核桃糕……港城人的童年记忆中,满是糕团软糯甜香的味道。

↑ 每天凌晨四点,黄凤祥和龚华芬夫妇已经开始忙碌,在金村街上的店面里蒸制白云方糕。

↓ 店铺门口摆着一张方桌,用于放置和售卖蒸好的方糕。黄凤祥在店内蒸糕,龚华芬在店外卖糕,一般不到早上八点方糕便售罄了。

在黄凤祥手中,填好米粉的沉重实木模具分外灵巧,一翻一扣,花纹便"刻"在糕坯之上,纹样清晰、不偏不倚。

一板白云方糕有 16 块,荤素各 8 块,每一板需要多少米面,每一块方糕馅料多少、猪板油多大,全凭师傅的经验。

白云方糕,精工细作最是家常味道

"花头精"多,是指品种和讲究多。张家港因为其特殊的历史沿革和地理位置,无论在风俗语言,还是饮食习惯上,都兼具了常熟和江阴两地的特色。你可以在张家港一地,吃到许多不同风味的糕团。

譬如,塘桥金村的"白云方糕"。塘桥位于张家港的东南,靠近常熟,常熟的饮食文化特别讲究精细,无论是蕈油面,还是叫花鸡,都极尽精工细作之能事。"方糕"是吴地最常见的糕团品种,只是各家所命之名不同。有不少人家称之为"白玉方糕"的,偏塘桥金村的这家,挂出的牌子叫"白云方糕"。做糕的是对老夫妻,每天一大早开始制售,常常上午八点不到就售卖一空,想要吃到就一定要起早。

小小的店铺中,一切都是小作坊的旧模

因现代电脑激光刻字无法达到要求且雕刻的老师傅难寻,黄家现在用的模具,仍是五十年前请师傅刻制的,"增加生产"的字样带着那个时代鲜明的气息。

样:一条长案、一套模具、一组蒸笼、一只火炉、一间小屋,一对老夫妇。做糕是个力气活,老爷爷黄凤祥七十多岁了,已见衰老,但是他不舍得让妻子龚华芬辛苦,所以活计都由他一个人完成。

豆沙馅料是前一天下午熬煮好的,米粉是一大早轧成的,猪板油是清晨的菜场新鲜买来的,一切皆备。黄凤祥将米粉倒进盆里加水拌匀,水要适量,以将米粉润湿而不黏粘为准。润湿的米粉倒出来堆在长案上,他拿过一只筛子,把一边斜斜地搁在案上,然后左手扶筛,右手抓起米粉在筛子中揉按,筛子下面就飘起了细细密密的米粉雨。

筛过的米粉松散细腻、没有粉团,在长案的一端堆成小山。老爷爷在面前摆好一只方形的格子状木质模具,然后将筛子盛上米粉,两手端起,悬于模具上方,用力摇筛,细细密密的米粉雨又洋洋洒洒地下起来,却又像雪般很快把模具盖上。等米粉填充过半时，他放下筛子，准备放馅料了。这个方形模具，三十多厘米的长、三四厘米高，其中的米粉被分割为四行、四列，一次可做十六个方糕。黄凤祥熟门熟路，估摸着位置，将一小团豆沙放在格子中心，然后每隔一格在豆沙馅中放一块猪板油，蒸糕时，猪板油融化进豆沙中，使馅料愈发细腻润口，油脂的香气又为软糯的方糕平添了几分"诱惑"。可能是因为现代人饮食观念、口味的变更，黄家店铺多是一荤一素地搭配来卖。接下来，就像是在精修作品一样，黄凤祥抓起一把米粉填进空隙，再用长尺把馅料压平，紧接着又填上一把米粉，端详一下豆沙馅的高度，再用长尺压平……十六团馅料差不多都被压平、遮掩住了，这时他再次端起筛子，扬下一层松散的米粉封住表面，用长尺刮去多余的米粉。此刻，木格子被填满，里面的米糕生坯平整晶莹，静美如远离城市的散淡白云。

接下来要裱花。裱花的模具是长条形的厚木条，一面阴刻着文字或者图案。这次要用的木条上，阴刻着"增加生产"四个字及精美的边框花纹。有人讶异于这个充满时代气息的纹样，黄凤祥解释说，这是五十年前的模具了，而像"福禄寿喜"那种更久远的，当年被损毁，后来再也找不到会做模具的人补做了。他拿出一块新的木条给我看，是由电脑激光刻绘的，字体倒是花哨繁美，但刻痕太浅、太小，达不到手工刻板的深度，无法使用，只能束之高阁，继续使用五十年前的老物件。

黄凤祥用铲子铲起米粉填进花纹中，刮平，看准位置，利索地一个翻转，将木条倒扣在木格子的第一行四块方糕的上方。然后用小木锤敲击几下，当拿起木条的时候，先前填进去的米粉就以"发展生产"的字样，完整地留在了木格中的方糕生坯之上。接下来如法炮制，把四行都裱上花样。最后，再用长尺进行切割，横三道、竖三道，这一格子的方糕，就被切成了十六块。

将盛满米糕生坯的木格子一起搁进蒸笼中隔水蒸上十分钟，起锅，雪白莹润、松软香甜的方糕，就可以吃了。现做的糕趁热吃，最是美味可口，而且价格非常亲民，两元一块，你尽可以一块接一块吃得欢实。

梅花糕，一朵焦香诱人的五彩梅花

自塘桥向西北驶去，越过张家港市区，到达金港的后塍，在这里可以找到另一种美味的糕点——梅花糕。后塍原属江阴，其饮食讲究食材的新鲜与料足。不同于绝大多数江南糕团是用米粉蒸制的，梅花糕是用面糊炙烤而成。面需是发面，但又不能发得很过，梅花糕店的主人倪明，是位五十多岁的中年人，他一边舀起桶里的面糊给我看，一边说："发面发到什么程度全凭经验感觉。"

这家梅花糕店也只是一人一炉的小店。炉子上的模具是一大块带着把手的圆形厚铜板，板上镂十九个漏斗样的孔洞，洞口做成梅花形状，铜板周围再用紫铜薄片矮矮地围上一圈。在厚铜板的下面，还垫着一块一厘米左右厚度的铜板，两块铜板上下叠放，一起在火炉上加热候客。

有客人来买糕了，倪师傅就拿起刷子蘸满了油，将铜板连着孔洞都涂抹一遍，然后用铜壶将面糊注入孔洞。大约注了一半时，他放下壶，用力将模具举起、转动，使面糊流动，均匀地黏满孔壁。面糊挂满了孔洞四壁后，他将铜板放回火炉上，用窄窄的长铜尺进一步修正，使内部形成一个漩涡似的空间，这是填放馅料之所。

传统的梅花糕，以豆沙、芝麻、枣泥三种馅为主，后来顾客的要求多了，倪师傅就开始研发新的品种，接着有了莲蓉的，又有了鲜肉的，然后还有了紫薯的、奶黄的，据说，有阵子他还试过榴莲馅。不过后三种太小众，得要预约，临时来买的话只有常见的前五种。

馅料种类不同，放的时间也不同。放进去后，用长铜尺将其三下两下塞进底部，再放入一块糖猪板油丁，静待片刻后，就要开始"上面张"了。"上面张"就是用面糊将孔填满，把馅料封在糕的中心，接着根据馅的不同，在表面或撒上红绿丝，或撒上瓜子仁，或摆几颗葡萄干，梅花糕就算是基本成型了。满满当当的食材摆放妥当，倪师傅握住把手，抬起第一块厚铜板，另一只手将垫在下面的第二块铜板抽出，迅速地盖在前者的上面。已经被烧得滚烫的铜板，盖上去后和第一块铜板上下配合着，热力凶猛，很快就把其中的梅花糕"逼"熟了。

倪师傅拿根铁签子，先把边角相连的部分划开，然后一戳、一挑，再用牛皮纸袋一包，小小的梅花糕拿在手里，下半部分是像冰淇淋蛋筒一样的圆锥形，俯瞰正面，却又是梅花的形状。配着幽幽透出的面香、烤成焦黄色的外壁、色彩缤纷的果仁红绿丝，一口下去，焦香的面壁、甜糯或咸鲜的馅心、脆香的果仁，迅速就把你连口带心都抚慰得熨帖无比。

丰盛糕团，港城的"老"味道

江南人爱吃糕，几乎每个地方都会有自己的"头牌"老店。丰盛糕团可以称得上是张家港"糕团界第一网红"。他的全称是"嘉裕记丰盛糕团"，名字听起来颇为传统，实际上历史并不算十分悠久，现在的店主不过是第二代。

店的创始人也是一对夫妇，因为想给儿女更优越的生活条件，三十多年前，他们毅然从售卖一碗面条、一只包子、一块糕的小摊贩做起，凭着味美、量足、口味地道，成了张家港人心中认可度最高的点心老店。从店主人白手起家的经历上，倒是让人还没有吃糕，就先品咂出了"张家港精神"的韵味。

丰盛糕团店现在依然是早上卖早点，全天卖糕团。松子核桃糕是他们家的"拳头产品"：用糯米粉和粳米粉按比例配好，和入红糖水和猪油，再加入松子、红枣丁、核桃碎拌匀，将原料放进蒸锅分层蒸。先蒸薄薄的一层，蒸熟后加入生粉再蒸，再熟、再加、再蒸，这样层层叠加到四五层，然后在表面筛一层细粉，撒一层红糖、红绿丝，入屉蒸熟后，就是可以出售的松子核桃糕了。从侧面看，糕的切面有如大理石般层叠的纹理；从顶上看，点缀着红绿色的细腻糕

不同于港城大多数用米粉制作的糕点，梅花糕选用上乘面粉经烤制而成。传统的梅花糕仅有豆沙、芝麻、枣泥三种，倪师傅根据市场需求，研发了莲蓉、鲜肉、榴莲等新口味，烤制时通过在表皮上撒不同配料用以区分。
摄影 / 张律堂

皮，如同蜜糖一般诱惑人心；至于品尝起来，那种甜而不腻、柔而不黏、韧而不硬、松而不散，就不是语言能够完全描述的了。总之，松子核桃糕是来张家港不可错过的美味之一。

一道美食之盛行，只有口味和造型是不够的。江南崇文重教，吴地更是事事追求精致。张家港人之所以热爱糕团，不止于糕的好吃，也不止于糕的谐音，那种"年年高""节节高"的祝福。老法头（吴语旧社会老时代之意），港城人婚嫁时给亲家要送糕，造房子乔迁时要给邻居发糕，老人生日要献上祝寿糕，小小糕点传达着浓浓的亲情、友情、爱情、邻里之情。在糕来糕往中，人们互赠祝福，那软软糯糯的糕团，无形中促进了家庭、亲朋、邻里间的温情互动。

更不必说，宁波的水磨年糕、上海的

红褐色的松子核桃糕,有着如大理石般的纹理,加上丰富的馅料和良好的口感,让其一经推出便迅速成了风靡港城的"网红糕点"。

猪油糕、苏州东山的白玉方糕,还有港城的嘉裕记松子核桃糕,每个被人挂在嘴边的食物都有那么一两个让人回味的故事。有些故事来自历史:苏州糖年糕中有伍子胥与苏州城墙的故事,定胜糕中有百姓与韩家军的故事;有些故事则记录着自己的生活:春天时外婆送来的青团子,秋天时父母预定了要送给祖辈的重阳糕。在张家港人的眼中,一年不跟着时令吃上各色各样的糕团,或者哪怕只是少吃了一种,生活也是不完整的。

没有来过张家港的人,或许就可以这样想象港城的风景:夕阳余晖、清静小院,摆一张方桌,温一壶黄酒,酒边是一碟小菜、一碟糕团。院外是遥遥传来的吴音,院内是慢悠悠的日脚。轻轻一口,从糕团里,江南的软糯、温和、素朴、柔韧就慢慢在你心中化了开来。

拖炉饼，
烤制出的酥脆香甜

撰文
余嘉

摄影
冯大伟

饼类的命名方式，大约有这么几种：以地域命名的，像黄桥烧饼、黄山烧饼；以外形譬喻的，例如蟹壳黄、袜底酥；以原材料命名的，例如麦芽塌饼、葱油饼；还有因制作工具得名的，比方说拖炉饼。

初听到这个名字，你是不是觉得很怪？这是要"拖"着炉子做饼呢，还是用一种叫作"拖"的炉烤饼呢？若是在网上搜索，估计很难迅速找到答案，因为你很快会被别的内容吸引：以往没有冰箱的时候，拖炉饼每年只做两三个月，因为它是荠菜馅的，只能在有荠菜的春天才能一品其美味。荠菜洗净切碎，拌上猪板油、白砂糖，包入酥皮中。酥皮要做好几层，包好荠菜馅后，再小心地擀成薄薄的圆饼，即可入炉烘烤。猪板油一定要厚、白砂糖一定要多，被炉温烤化了就会融成黏稠的糖油。要是在吃的时候，有糖油滴出来，顺着手臂淌下去、灌满衣袖，那这个拖炉饼就算是最地道的了。

看到这里，我猜你已经忘记"拖炉"的疑惑，满心只想着"白糖荠菜馅"了吧？即使是酷爱甜食的江南人，除去有吃拖炉饼习惯的张家港、江阴、常熟等地的几个市镇外，其他地方的人恐怕也不曾吃过只放糖、不放盐的荠菜馅吧？不去亲自尝尝，大概无法想象其中的香甜滋味。

跟着当地人的指引，我一路寻访至恬庄古镇的老街上。老街不长，走进去两三百米，一块红底黄字的招牌"恬庄正宗拖炉饼"赫然在眼前。木质招牌上"恬庄特产、正宗祖传"的宣传语字号稍小些，左上角的"杏花"两个字做成的商标字号更小，但人们更愿意称其为"杏花拖炉饼"而不是"恬庄"。

杏花是老板娘的名字。老板从父亲那里学得了做饼的手艺，将自己的店以妻子的闺名命名。而老父亲可不是被"丢到了一边"，年已耄耋的老人，每天下午日头最暖的时候，会坐在店门口他的专座上看个不停：看老板做饼、老板娘卖饼，看顾客买饼、当场吃饼。一双眼睛里满是专注和热切，像个探索了一百年、还对世界充满好奇的孩子。

老父亲看得最多的，是店门口烤饼的炉子。这个烤炉，其实就是大号电饼铛，盖起盖子后，可以上下同时加热，把饼烤得两面焦黄。电饼铛是用电的，一看便知不是传统

金黄酥脆的拖炉饼,传统以荠菜、猪板油、白糖为馅料,旧时因荠菜难以保存,一年仅有三四个月能一尝其酥脆香甜。现今除了荠菜白糖馅儿,杏花家还售卖葱油咸馅、豆沙馅等拖炉饼。

烤制拖炉饼，看上去工序并不繁复，做馅、和面、包馅、擀平、烘烤……实则每一步都各有讲究，稍有偏差，味道就不对了。

用具,"拖炉饼"的得名缘由,还得到旧时烤炉中去找。

按照资料上的介绍,旧时烤这个饼需要两只炉子,"下面一只为底炉(平底),上面一只为顶炉(尖顶,呈锥状,以三根铁链吊住),烘烤时两只炉同时加热吻合,并以顶炉的热量将饼吊熟,大有顶炉拖底炉之势,故称拖炉饼"。另有一本《张家港掌故》上则说,其起源于一场战事,老百姓为了支持己方的军队,拖着炉子去现场烤饼的做法。第一个说法,未见实物,难以想象和理解;而第二个说法,又不见于正史,那到底什么是"拖炉"呢?

杏花老板娘快人快语解释道:"以前的烤炉是分顶炉、底炉两部分的,烤饼的时候,两部分分别在两个火炉上加热。等底炉烧热,放置其中的拖炉饼半熟时,一旁的顶炉也已经被烧得滚烫炙热,这时候用工具把顶炉一拖——"老板娘伸出左手,很形象地做了个拖的动作,我仿佛透过这娴熟的动作,看见顶炉被拖过来,盖在了底炉上。老板娘的动作,让人豁然开朗。底炉在持续加热,顶炉残余的热力足以配合底炉,把饼的两面烤熟,这样就不需要把饼一个个翻身了。要知道拖炉饼的馅里可是包裹着一大半流质的糖油,一个翻身不慎,就会被弄破流出来。这顶炉一"拖",可不就是解决了拖炉饼制作上的核心难题——既要烤得恰到好处,又要保证香甜的荠菜糖油馅不会流出。

在物质充盈、讲究健康饮食的当下,重油重糖的馅已略有悖于市场的需求。为了适应市场,杏花家把馅里猪板油和糖的用量一减再减,不再会有"灌进袖口"的事情。"拖炉"的谢幕,和其他许多老式工具的消失一样,被更省时省力的现代工具所替代,自然发生,又无可阻拦。

至于甜荠菜馅会不会被改为咸味的问题,杏花毫不犹豫地直摇头:放了盐,还叫拖炉饼吗?"甜的也很好吃啊!"杏花又补充说,然后包好一只刚出炉的饼一定要大家品尝。刚出炉的拖炉饼外壳酥脆松香,馅心清甜软糯,甜甜的荠菜馅,不在你的想象之内,却能轻易俘获你的味蕾。

蜜桃上市动港城

撰文
黄崇崇

插画
林天意

"凤凰水蜜桃啊，好吃的嘞！"

听到我要去看凤凰水蜜桃，司机师傅的口气里带着浓浓的自信。在张家港，似乎每个人都有一段关于水蜜桃的粉红回忆。

凤凰水蜜桃皮薄，个头大，汁水足。当地人的吃法是直接插一根吸管，吸溜一声，丰腴的果肉化为甜蜜的果汁，入喉甘甜。蛊惑人心的香气，鲜嫩多汁的果肉，每到六七月份，就开始千方百计地诱惑着张家港人的味蕾。

人间水蜜桃，在张家港

凤凰山下的万亩桃园，是张家港风靡全城的甜蜜基地。初夏午后，整片桃园沐浴在热烈的阳光之下。桃叶纤长翠绿，藏在叶片中的桃子也已有婴儿拳头般大小，呈青绿色，还带着春日的青涩。它们正在为盛夏的甜与蜜，做最后的冲刺准备。

站在桃园里，让人不由地幻想春天桃花盛开的时候，应有怎样浩大的"诗意"。

"桃之夭夭，灼灼其华。"桃子作为美好的意象，已在古老的诗篇里传颂了千百年。中国是桃子的故乡。早在周代，黄河以北已经大范围种桃，在《礼记》中，桃子更是和李、梅、杏、枣一起，被列为祭祀神仙的五果。据不完全统计，中国约有千余种桃子，从黑龙江到广东，从西藏到江南，都有它的身影。但最符合人们对于仙桃的想象的，还得是江浙一带的水蜜桃。

江苏无锡阳山水蜜桃盛名在外，而在距阳山数十千米外的张家港，凤凰水蜜桃作为新起之秀，在老食客的吃桃清单上却是稳稳地占有一席之地。

凤凰水蜜桃泛指凤凰镇内规模化种植的桃类，而非单指某一品种。凤凰镇的人们和桃打了近百年的交道。原本仅是自家食用，家家户户门前桃树成林，春天赏花，夏天摘果，颇有些桃花源的味道。后来，村民们逐渐摸索出了水蜜桃嫁接、剪枝、整形和人工授粉等管理方法，在凤凰山和鸷山开垦成片土地种植水蜜桃，有近百亩的规模。

凤凰镇充足的日照时间，让这里的桃树都能得到阳光透彻的爱抚。加之长达239天的无霜期，充沛的雨水，富含有机质土层深厚、土质疏松、不易涝旱的黄棕土壤等，更是赋予了水蜜桃独特的味道。

20世纪90年代，凤凰镇进行产业结构优化调整时，品种优良、味道甜蜜的水蜜桃得到了重点关照。凤凰水蜜桃的种植面积不断扩大，形成了基地核心区域连片面积1100亩，达到了辐射全镇千户桃农，种植近万亩的规模，品种也从白花等几个老品种发展至20多个。凤凰山水蜜桃从单纯的庭院经济，走向规模化种植，得以走进更多的江南人家。

桃子的采摘期可以从6月一直延续到8月，填满整个盛夏。6月初的早露，7月中旬的湖景，8月份的白花、红花，都是深受本地人喜爱的品种。

一般桃子的甜度在11～14，凤凰山的水蜜桃甜度可以达到15，甚至18！这从取名上就可窥见一斑。雨花露、白凤、朝晖、湖景……为了回馈这份甜意，似乎江南人把最清澈、明亮的词汇都留给了水蜜桃。

从枝头到口腹的苦心经营

江南夏天这份独属水蜜桃的柔软香甜，却是来之不易。

这天下午，潘斌带着我们在果园里溜达，"巡视"这片他倾心关注的"桃林王国"。潘斌是凤凰镇农村工作局的工作人员，深谙桃树的生长习性，每年都会下村或在产业园区教授桃农们现代化的种植管理技术。从施肥、疏果、套袋到防虫害、采摘，每一步都需要科学的管理。一只桃子从枝头到口腹，满含桃农和大自然相较量的苦心经营。

桃树开始结果的日子，也是第一波优胜劣汰的开始。一颗桃树可以结几百个桃子，但是为了保证桃子的品质，让养分汲取更集中，每个枝头只会留下1到2只桃子，这第一道筛选叫疏果，只有20%的桃子会被留下。这样才能保证收获的桃子又大又甜，拥有充实的灵魂。

第二道筛选则交给了命运。打理得当的桃树，枝蔓平展，阳光雨露均沾。为了防止鸟啄和虫蛀，桃农们早早地给桃子套上了保护的纸袋子。只有避开阳光的直接暴晒和物理伤害，水蜜桃才能长得既不红得艳俗，又能染上恰如其分的粉。钻进袋子里的水蜜桃们，开始了一场漫长而甜蜜的梦，等待揭开袋子时的惊艳四方。

敢为人先的张家港人，也在积极用现代手段，减轻种桃的"甜蜜负担"。凤凰家园在机械化的实验中走在前头。大棚种植、调整树型、机械化施肥，用最科学的方式解锁风味密码。

蜜桃上市动港城

水蜜桃，明明是最柔情的水果，却选在了最爆裂的季节成熟。再过个把月，当热浪无情地熬煎着大地时，凤凰水蜜桃也将迎来最为盛大的收获时节。

桃农们穿梭于茂密的桃枝之间，挑出长得恰到好处的桃子。凭借几十年的经验积累，他们可以完全依靠指尖的感觉进行挑选：只需轻握一下大小，心里就有数了。每一颗桃

皮薄个大、柔软多汁的水蜜桃,是港城盛夏最甜蜜的味道。摄影/吴学文

子，从成熟到上市，触碰不能超过三次：套袋一次，采摘一次，分拣一次。每一步必须小心，水蜜桃桃质柔软，稍不留心就会留下指痕。

总有迫不及待的老食客，深谙水蜜桃的"青春"稍纵即逝，提前许久就预定好这一期一会的甜蜜。而桃农们则直接在路边摆起小摊位，临街售卖这片土地为三伏天预备下的初夏甜蜜。

水蜜桃娇贵，经不起旅途颠簸，更经不起等待。甚至会经历早上十来块一斤，到了晚上二十几块一大箱的戏剧化大"减价"。毕竟这连冰箱都进不得的"甜蜜诱惑"，采摘下来后只能存放不过3到4天，别痴心妄想存上几个月了，地道的美味只可当下享受。

河阳山歌馆一侧的十字路口，在苏虞张公路与西塘路的交界，凤凰大道的东西路口，街道都被掩埋在水蜜桃馥郁的香味之下。数十种芳香物质一同施展的夏日魔法，试问谁能抵挡得住？

专门前来的食客，驱车经过的游人络绎不绝，奔赴这夏日之约。司机们出车疲惫了，就开车过来，买几只鲜桃现吃解渴，这是当地人才能享受到的福利。剥下桃皮，大口咬下，桃汁打在脸上，满鼻子肉肉的甜，满嘴嫩嫩的香，丰腴而羞涩。水蜜桃积攒了一肚子的春风、春雨和春花，都将全力释放。一口桃汁足以慰风尘！

张家港人的餐桌，"食材"当道

撰文
如亭

插画
林天意

古往今来，苏州因地理位置的优越享得丰厚物产，恐怕没有人会质疑其"人间天堂"的"大佬"身份。而身居其中的张家港，更将"苏帮菜"的真"材"实"料"发挥得淋漓尽致。

长江滔滔不绝冲来的沙质土壤正中农场西瓜的下怀，糯香的常阴沙大米诞生于这片土地与新时代的万千宠爱之中，出落水灵的弄里芹菜不需过多的佐料便能轻松俘获食客的芳心……这块土地上的物产，在几代人日复一日的精耕细作之中努力成长，待熟成的那一日，一举博得青睐。

弄里芹菜

弄里芹菜，是张家港最常见的一种冬令蔬菜，以生长于朱家弄一带的最为上乘。弄里芹菜的出众不仅得益于江南得天独厚的自然条件，还有劳于当地芹农的精心呵护。每年逢春分育株、酷暑沤田、秋分移植、寒冬收获，芹农们亲身深入淤泥水田、纯手工操劳耕作，方成就出根茎清透似玉、口感脆嫩多汁的弄里香芹。

常阴沙大米

常阴沙大米，是现今江南"鱼米之乡"称誉的一个新兴注解。常阴沙大米在稻谷家族中年龄尚幼，却是这片鱼米之乡中最优基因与最现代化工艺结合种植出的谷物。常阴沙大米在全部生长时间中都拒绝农药和化肥，是物真价实的"无化残、无药残、低重金属"产品。至今，常阴沙大米以她洁白无瑕的质地，蒸煮时的清香，糯口富有弹性的口感，占据了越来越多国人的餐桌。

鸭血糯

鸭血糯，是清代康熙年间人们培育稻谷时偶然收获的惊喜。因米粒红润如鸭血，故名"鸭血糯"，因其具有滋补作用又被称为"补血糯"。江南人常将其与白糯搭配制成糕点、酒酿等。其中，"血糯八宝饭"便是江南地区家家户户逢腊八时节都会享用的一道甜点，用鸭血糯搭配白糯、红豆、红枣、蜜饯等材料浸泡、蒸熟制成八宝饭，再用猪油、水淀粉、糖桂花调羹浇淋其上，桂花的清香扑鼻与八宝饭的浓郁香甜丝缕相扣，加之红润清亮的色泽，诱惑着所有江南人的味蕾。传说鸭血糯也颇得慈禧太后的喜爱，因此有"贡米"之誉。

鹿苑鸡

鹿苑鸡，因产于张家港市塘桥镇鹿苑而得名。在水乡稻田放养的鹿苑鸡，每日以谷物和鱼虾为养料，沐浴着充沛的阳光和雨露，如此长成的鸡肉鲜嫩多汁，是皇室享用的贡品。清代大书法家、同治和光绪帝的恩师翁同龢常以其为家乡土特产用以馈赠佳友。如今，远近皆知的江苏菜"叫化鸡"，需用鹿苑鸡制作才最为地道。鹿苑鸡清理后再增添调料辅佐，裹上泥土，放入火中煨烤，就制成了令人馋涎垂涎的"叫化鸡"。当然，这道名菜的精髓也就在于鹿苑鸡的绝佳肉质。

野茭白

野茭白，作为江南"水八仙"的一员，从心灵到外表都透露着江南的丝丝水灵。每逢野茭白出落成熟时，站在湿地岸边遥望，芦苇荡的葱绿色与茭白叶的翠绿色交替，伴随水色波浪此起彼伏，终与天际融为一色。当然，即便是这样令人心旷神怡的景色，也阻挡不了人们对野茭白的渴望。褪去绿叶的野茭白清洁白润，佐肉鲜美、油焖清爽，而张家港人拿手的野茭白炒虾则是永远也忘不了的乡情。

常阴沙西瓜

常阴沙西瓜，是许多张家港人的童年记忆。小时候，父母常将其放入井水中冰镇上半天，切开一半，大家坐在风扇前看着电视，挖上一勺立刻就能将烈日酷暑驱散殆尽。长江水在数百年间的奔涌中将大量泥沙冲积于此，形成了肥沃疏松的沙质土壤，搭配江南气候的独到条件，成就了常阴沙西瓜的爽脆清甜。因常阴沙西瓜种植于张家港的常阴沙农场，也被当地人称作"农场西瓜"。

图书在版编目（CIP）数据

风物中国志．张家港／郭蔷，聂靖主编．-- 长沙：湖南科学技术出版社，2020.11
ISBN 978-7-5710-0779-9

Ⅰ．①风… Ⅱ．①郭… ②聂… Ⅲ．①张家港—概况 Ⅳ．①K92

中国版本图书馆CIP数据核字（2020）第187705号

FENGWU ZHONGGUOZHI · ZHANGJIAGANG
风物中国志 · 张家港

主　编	郭　蔷　聂　靖
总 策 划	陈沂欢
责任编辑	李文瑶
图片编辑	张律堂
地图编辑	程　远
书籍设计	工喜华　李　川
特约印制	焦文献
制　　版	北京美光设计制版有限公司
出版发行	湖南科学技术出版社
地　　址	长沙市湘雅路276号
	http://www.hnstp.com
	湖南科学技术出版社天猫旗舰店网址：
	http://hnkjcbs.tmall.com
邮购联系	本社直销科0731-84375808
印　　刷	北京华联印刷有限公司
版　　次	2020年11月第1版
印　　次	2020年11月第1次印刷
开　　本	787mm×1092mm　1/16
印　　张	13
字　　数	200千字
审 图 号	图苏E审（2020）053号
书　　号	ISBN 978-7-5710-0779-9
定　　价	58.00元

（版权所有·翻印必究）